KB102254

세계의 과학관

| 세계 10대 도시로 떠나는 과학박물관 기행 |

세계의 과학관

| 조숙경 지음 |

살림

| 프 | 롤 | 로 | 그 |

우연히 또는 예정된 만남에서 모르는 사람을 처음 만났을 때 우리의 행동은 별로 다르지 않다. 슬쩍 곁눈질로 상대방의 외모를 살피는가 하면 명함을 내밀거나 미소로 악수를 청한다. 낯선 공간에 어쩔 수 없이 같이 있어야 하는 사람들은 종종 어색함을 피하기 위해 커피 혹은 담배 같은 기호품을 권하기도 한다. 그러고는 아주 소소해 보이는 질문을 주고받을 것이다.

"어디에서 살고 있습니까?Where are you come from? "

가장 흔하게 주고받을 것 같은 이 질문은 사실 상대방에 관해 가장 많은 정보를 얻어 내는 결정적 질문이다. 그 혹은 그녀가 도시에서 살았는지 혹은 시골에서 살았는지를 통해 상대방이 세상과 사물을 어떻게 바라볼지 충분히 짐작할 수 있기 때문이다.

전 세계 인구의 절반은 '도시'에 살고 있다. 1800년에 3%에 불과하던 도시 인구는 20세기 말에 47%까지 급상승했다. 우리나라도 반세기라는 짧은 시간 만에 도시화에 성공하여 전체 인구의 2/3가 서울을 중심으로 한 수도권에 모여 살고 있다.

산업혁명으로 본격화된 도시의 출현과 팽창은 여러 가지 사회문화적 변화를 가져왔다. 영국의 펍pub 이나 훌리건hooligan 현상은 힘든 노동으로 지친 도시 노동자의 스트레스를 해소하기 위함이었으며, 여행사 '토마스 쿡Thomas Cook•'이 도시와 휴양지를 연결하는 철도 여행 패키지 상품으로 급성장한 것도 일터와 가정이 분리된 도시적 삶의 패턴을 반영한 것이었다.

오늘날 세계에는 크거나 작은, 혹은 오랜 역사를 가졌거나 이제 막 탄생한 도시가 셀 수 없이 많다. 인구가 2,000만을 넘는 거대 도시megalopolice 가 있는가 하면, 한동안 번성했으나 이제는 화려했던 번영의 추억만 안고 있는 도시도 있다. 하지만 하나같이 세계의 모든 도시에는 그곳을 살다 간 사람들이 남긴 '흔적'이 있으며 또 그곳을 지나쳐 간 사람들의 '기억'이 있다. 파리를 화가들의 도시라 하고, 빈을 음악가들의 도시라 일컫는 데는 화가 혹은 음악가와 연관된 흔적과 기억이 많기 때문이다. 이 책은 바로 세계의 주요 도시를 과학의 흔적과 기

• 영국의 대표적인 여행사 토마스 쿡은 19세기 말에 미드랜드 철도 회사와 공동으로 패키지 여행을 개발하였고, 여행을 상품이란 개념으로 처음 사용했다.

억으로 읽어 보려는 시도에서 출발했다. 마치 독일 맥주를 마실 수 있는 곳이 어디인가를 아는 것으로 한 도시를 아는 데 충분한 것처럼• 각 도시가 자랑하는 과학박물관을 살펴봄으로써 도시에 남겨진 과학자들의 흔적과 그들을 기억하는 사람의 이야기를 기록하고자 했다.

도시 프라하의 케플러 박물관에는 가장 힘들지만 동시에 가장 영광스러운 시절을 보낸 요하네스 케플러의 흔적이 남아 있으며, 도시 전체가 하나의 미술관처럼 아름다운 피렌체의 갈릴레오 박물관에는 궁정 수학자가 되려던 갈릴레오의 숨겨진 욕망이 깃들어 있다. 또 샌프란시스코의 익스플로라토리움에는 원자폭탄 개발에 참여한 이후 정신적으로 방황하던 오펜하이머가 과학의 즐거움을 되찾았던 희열의 순간이 기록되어 있으며, 스톡홀름의 노벨 박물관에는 인류 최고의 창의성을 칭송하는 노벨상의 창시자 알프레드 노벨의 고민이 간직되어 있다.

• 발터 벤야민, 『일방통행로 사유 이미지』, 새물결, 2007

최근 런던 과학박물관은 '경이로운 과학, 놀라운 박물관Astonishing Science, Spectacular Museum'을 비전으로 내걸었다. 특히 이곳은 19세 이상의 성인만을 대상으로 다나 센터를 운영하는데, 대중과 전문가가 만나 과학기술과 연관된 도전적이고 논쟁적인 사회적 이슈를 토론할 수 있는 사이언스 카페는 꽤나 성공을 거두었다. 과학박물관이 과거의 전시물을 통해 인류의 진보를 보여주는 데에, 또 과학 센터가 체험 전시물을 통해 과학적 원리를 이해시키는 데에만 머무르지 않고 현재 삶과 다가올 미래를 만날 수 있도록 끊임없이 변화하고 있는 것이다. 이 책에서는 과학박물관이 추구하는 이러한 변화의 움직임을 함께 다룸으로써 우리에게 과학기술이 어떤 의미이고 또 다가올 미래를 위해 무엇을 준비해야 할지 짐작하도록 할 것이다.

이 책이 출간되기까지는 꽤 오랜 시간이 걸렸다. 그동안 필자가 나름 과학박물관 연구자라는 외길을 걸어올 수 있었던 것은 "미래는 꿈꾸는 자의 것."이라는 에른스트 블로흐Ernst Bloch[•]의 말을 늘 마음에 두고 있었기 때문이다. 과학박물관이야말로 미래를 만나는 곳이고 또 미래를 꿈꾸는 곳이어야 한다. 책이 집필되는 시간 동안 위트 섞인 코멘트와 용기를 주었던 나의 사랑하는 인섭이와 현섭이, 그리고 송 교수께 무한한 고마움을 전하며, 출판사 담당자께도 심심한 감사의 마음을 드린다.

국립 과학관이 있는 도시 광주에서

조숙경

• 에른스트 블로흐, 『희망의 원리』, 열린책들, 2004

차 례

| 제1장 |

과학박물관의 탄생

인류와 미래가 소통하고 교류할 수 있는 장

알렉산드로스 대제는 어렸을 적에 스승 아리스토텔레스로부터 각종 동물을 해부하는 수업을 받았던 덕에 제국을 건설할 수 있는 무모한 용기를 얻었다고 한다. 그 덕분인지 그는 동서양을 아우르는 헬레니즘 왕국을 건설했다. 그리고 정복하는 지역마다 자신을 기리기 위해 '알렉산드리아'라는 이름의 도시를 세웠다고 한다. 이라크를 비롯해 이란, 아프가니스탄, 파키스탄, 카자흐스탄, 터키 등 한때 알렉산드리아는 70여 개가 넘었다. 오늘날 알렉산드리아 중에 가장 유명한 알렉산드리아는 이집트의 서쪽 지중해 해변에 위치한 이집트의 두 번째 도시다. 이집트와 지중해 역사에서 가장 중요한 도시 중 하나인 알렉산드리아는 초기 기독교의 중심지였으며, 세계 7대 불가사의 중 하나인 '알렉산드리아의 등대'• 가 있었던 항구 도시다.

기원전 3세기경에 이집트의 왕 프톨레마이오스 1세는 이곳 알렉

• 일명 파로스 등대로 불리는 이 등대는 기원전 3세기경에 프톨레마이오스 1세에 의해 건축되었다. 하얀색의 대리석으로 만들어졌고 높이가 약 130m에 달한 이 등대는 1303년과 1323년의 대지진으로 대부분 파괴되었다가 1994년 프랑스의 고고학자 장이브 앙페레가 발견했다.

고대 알렉산드리아 도서관.

산드리아에 아들을 교육시킬 목적으로 무세이온Museion을 설립했다. 인류 최초의 도서관 겸 박물관인 이곳은 학예를 관장하는 여신의 집을 의미했으며, 그리스의 자연 철학자 아리스토텔레스가 세운 리세이움Lyceum이나 플라톤의 아카데미Academy와는 규모나 내용 면에서 비교도 되지 않는 대규모였다. 오늘날의 종합적인 학문 연구 기관에 해당하던 이곳에는 양피지 70만 두루마리약 50만 권에 해당하는 엄청난 양의 장서가 구비된 도서관이 있었다. 세상에 있는 모든 민족의 모든 책을 다 모으겠다던 프톨레마이오스 2세는 알렉산드리아에 정박하는 선박에서 발견되는 모든 책을 필사하도록 했으며, 아프리카와 유럽 그리고 중동을 넘어 인도와 아시아 문명권의 문헌들도 모두 모았다. 기하학의 아버지 유클리드, 수학자 아르키메데스, 신플라톤주의의 플로티누스, 천문학자 에라스토스테네스와 프톨레마이오스 등은 모두 무세

이온에서 활동하고 연구하면서 그 결과를 남긴 대표적인 고대의 과학자들이다.

무세이온에는 또한 하늘의 움직임을 관측하는 천문대와 동물의 생체와 사람의 사체를 연구하는 해부실 그리고 식물을 기르며 관찰하는 식물원 등이 구비되어 있었다. 동시에 수학과 천문학 및 자연과학에 관한 연구도 수행할 수 있었다. 하지만 불행하게도 기원후 389년에 대화재가 발생하면서 무세이온은 역사 속으로 사라지고 말았다. 수학과 천문학 및 동식물학 등의 자연과학에 대한 지식과 정보를 담은 서적들과 천체 관측 기구 그리고 연구에 필요한 도구를 수집하고 보관하면서 전시하는 곳을 과학박물관이라고 정의한다면, 세계 최초의 과학박물관이 소멸되어 버린 셈이다.

16세기가 되어 런던에서 활동하던 과학자이자 철학자인 프랜시스 베이컨Francis Bacon• 은 "아는 것이 힘"이라고 선언했다. 사후에 출간된 저서 『새로운 아틀란티스』•• 에서 그는 고대 학문의 정점이랄 수 있는 플라톤에 반하여 지식을 얻는 완전히 새로운 방법론을 주창했다. 이른바 4대 우상설을 통해 그는 기존에 가지고 있던 모든 편견을 제거할 것을 설파하였고, 실험과 관찰의 귀납적 방법을 사용하여 새로운 지식을 얻을 것을 강조했다. 이 새로운 방법을 따를 때 유토피아, 즉 새로운 아틀란티스에 도달할 것이며, 이곳에서는 모든 사람이 과학 활

• 평생을 독신으로 살면서 실험과 관찰 연구에 몰두했던 베이컨은 음식물과 냉동 보존의 상관관계를 실험하기 위해 추운 날 밖에 너무 오래 있었던 탓에 그만 폐렴으로 세상을 떠나고 말았다.

•• '아틀란티스'는 플라톤의 대화편 『티마이오스(Timaios)』에 나오는 유토피아 섬이다.

동에 적극 참여하는 과학자이며 동시에 그 결과를 공유하는 공동체의 일원이 된다는 것이다. 그가 꿈꾸었던 세계는 모든 사람이 과학적 결과물의 생산자이자 동시에 수혜자가 되는 것이며 그렇게 얻어진 과학적 지식이 삶을 개선하는 것이었다.

지식을 얻는 방법으로 실험과 관찰을 강조한 탓에 그가 살았던 시기에는 각종 실험 도구와 다양한 결과물이 많이 생겨났다. 특히 이탈리아에서 처음 조직되었던 실험 아카데미는 회원들이 사용한 실험 기구들을 한곳에 모아 '호기심의 상자cabinet of curiosities'라는 이름으로 보관했다. 르네상스 시대에는 개인주의와 상업주의가 만나 부를 획득한 상인이나 귀족들이 새로운 동식물 표본들을 수집했다. 이들은 지리

도미니코 렘스 作 '호기심의 상자'(1690)

상의 대탐험을 통해 얻은 특이한 것들을 별도의 공간에 보관하고 '놀라운 방wonder-room'으로 꾸며 신분을 자랑하는 데 이용했다. 이러한 현상은 18세기까지 지속되었고, 특이하거나 희귀한 동식물의 표본에 점차 실험용 도구와 기계류가 더해졌다. 영국의 자연사박물관은 한스 슬로안 경Sir Hans Sloan이 개인적으로 수집했던 컬렉션에 그 기원을 두고 있다. 특히 영국 국왕 조지 3세는 진공 펌프와 정교한 시계 등 18세기 과학을 대변하는 과학 기구를 많이 소장했는데, 그의 소장품들은 오늘날 런던 과학박물관 3층 특별 전시실에 전시되어 화려했던 18세기 영국 과학의 정수를 보여 주고 있다.

19세기 유럽 국가들의 산업화 경쟁은 새로운 과학과 기술 관련 컬렉션을 대규모로 획득하는 아주 좋은 기회를 제공했다. 영국에서 처음 일어난 산업혁명은 증기를 뿜어 대며 돌아가는 공장의 부품들과 각종 기계류, 특허받은 모형들을 새로운 컬렉션으로 변모시켰다.

1794년 파리에 설립된 국립 기술 공예 박물관The Musée des Arts et Mètiers은 세계 최초의 과학기술 박물관으로 특허받은 기계류와 발명품, 과학 도구와 천체 관측 기구 및 실험 장비들을 수집하고 전시했다. 프랑스 대혁명기라는 복잡한 정치적 상황 속에서 개관될 수 있었던 이곳은 공화국의 기술과 산업 현장에서 사용되던 기계, 엔진 관련 모델, 설계 도안 및 그림, 산업 용품과 발명품들을 전시하며 기술자들에게 기계의 작동 원리를 설명하거나 교육하는 역할도 담당했다.

근대적 의미의 과학박물관이 본격적으로 출발할 수 있었던 것은 1851년에 영국에서 개최된 최초의 세계 엑스포World EXPO 때문이다. 유럽의 15개국뿐만 아니라 멀리 인도와 중국까지 참가하여 각 국가의

토마 아벨 프리오르 作, '런던 크리스털 팰리스에서의 1851년 런던 엑스포 개막식을 하는 빅토리아 여왕'(1851)

대표적인 과학기술과 예술 및 산업 작품을 선보였던 엑스포는 이후 주로 영국과 프랑스에서 교대로 개최되었다. 해를 거듭할수록 엑스포는 최고의 발명품을 선보이는 창의성의 각축장이 되었고, 사람들은 그것을 보기 위해 구름처럼 몰려들었다. 실제로 1851년에 런던 엑스포를 찾았던 관람객은 모두 600만 명이었는데, 이는 잉글랜드와 스코틀랜드 및 웨일즈 인구를 모두 합한 인구의 약 30%, 당시 런던 인구의 2배에 해당하는 아주 엄청난 숫자였다. 영국 북부 허더스필드 지방에 살던 한 공장 노동자의 일화는 당시 엑스포에 대한 사람들의 관심을 잘 보여 준다.

"그 노동자는 자신이 가지고 있던 전 재산 6센트 중, 5센트를 런던행 삼등

칸 야간열차 왕복권을 사는 데 썼다. 한쪽 주머니에는 나머지 1센트를 넣고, 다른 쪽 주머니에는 끼니로 먹을 샌드위치를 넣은 채 그날 밤늦게 노동을 마치고 허더스필드를 떠났다. 흔들리는 야간열차에서 거의 뜬눈으로 밤을 지새운 그는 다음 날 아침 피곤함도 잊은 채 하이드파크까지 걸어서 갔다. 그러고는 남은 1센트로 입장표를 사고 엄청난 기대감을 안고서 박람회장에 들어섰다. 놀라움과 기쁨으로 박람회장을 둘러보다가 배가 고파진 그는 주머니 속에서 샌드위치를 꺼내 먹으며 배고픔을 달래고, 중앙 분수에서 솟아나는 물로 갈증을 해소했다. 시간을 아끼며 하루 종일 박람회장을 둘러본 그는 그날 밤 다시 허더스필드로 되돌아가는 기차에 몸을 실었다. 밤새 야간열차 안에서 시달린 그는 아침도 거른 채 곧바로 작업장으로 달려가 하루 일을 시작했다."•

건립 당시에는 프랑스 정치인들에게 '아름다운 도시 파리의 미관을 해치는 역사상 최악의 쓰레기'라는 혹평을 받았던 에펠탑 역시 1889년 파리 엑스포 때 첫선을 보였다. 공사가 시작되기 전부터 예술성과 공업성, 추함과 아름다움을 놓고 시비가 끊이지 않았던 에펠탑을 두고 한 수학자는 3분의 2 정도 공정 단계에서 하중을 견디지 못하고 탑이 무너질 것이라 했다. 또 유명한 소설가 기 드 모파상, 에밀 졸라, 알렉상드르 뒤마, 작곡가 샤를 구노 등 유명 예술인들은 거세게 반대했다.

• 조숙경, 서울대학교 이학박사 논문, 2001

뉴욕 코니 아일랜드에 설치된 에스컬레이터.

에스컬레이터 역시 1900년 파리 엑스포 때 첫선을 보였다. '경사진 엘리베이터Inclined Elevator'라는 이름으로 처음 출현한 에스컬레이터는 엘리베이터에 '계단'이란 뜻을 가진 라틴 어인 'Scala'라는 단어를 합성한 것이다. 에스컬레이터가 생겨남으로써 건축은 물론 사람들의 행동 패턴도 크게 변모되었다.

19세기 과학박물관의 본격적인 등장은 세계 엑스포에서 선보인 산업 기술 발명품들, 물리학·화학·생물학·지구과학 분야의 놀라운 발견, 아시아·아메리카·아프리카 등을 탐험하고 얻은 새로운 동식물 표본들을 임시적으로 보관하면서 시작되었다. 곧 가건물이 아닌 과학박물관을 위한 전용 공간이 생겨났고, 수집된 전시물들을 보관뿐만 아니라 연구하고 전시하는 기능도 새로 생겨났다. 대표적으로 런던 과학박물관이나 런던 자연사박물관이 이렇게 탄생했다.

20세기에 접어들면서 과학박물관은 한편으로는 국가의 결집과 위상을 드러내는 장이자 또 다른 한편으로는 가족 단위 여가활동을 위한 장소로 변모되었다. 특히 1930년대부터는 어린이를 위한 체험과 교육의 기능을 강조하게 되었고, 제2차 세계대전을 겪으면서는 과학기술이 우리 사회에 미치는 영향 등에 대한 고민과 함께 새로운 형태의 과학 센터가 출현했다. 소장품을 보관하고 일방적 전시를 통해 내보이던 과학박물관은 작동하는 전시품을 통해 과학의 숨은 원리를 체험하고 이해하는 과학 센터로 대체 혹은 보완되었다. 샌프란시스코의 익스플로라토리움EXploratorium은 아예 '만져 보는 과학', '체험하는 과학'을 표방하며 출발했고, 이는 북미와 아시아·태평양 지역 국가들에 지대한 영향을 주었다. 호주의 퀘스타콘Questacon이나 캐나다의 온타리오 사이언스 센터Ontario Science Center는 런던 과학박물관이나 도이체

호주 퀘스타콘.

캐나다 온타리오 사이언스 센터에 전시된 운석.

스 박물관과 차별화되는 과학 센터인 것이다.

21세기로 접어들면서 과학박물관과 과학 센터는 또다시 변화하고 있다. 이러한 변화 뒤에는 현대사회에서 과학기술이 갖게 된 본질적인 이중성이 있다. 과학기술은 지난 200년 동안 어려운 질병과 빈곤 퇴치, 풍요로운 먹거리와 편리한 생활 등을 가져다주며 인류의 삶을 질적으로 크게 향상시켰다. 하지만 동시에 기후변화, 물 부족, 새로운 질병, 에너지 고갈, 식량의 불균형이라는 전 지구적 차원의 문제를 새로 야기하고 있다. 그런데 중요한 점은 새로운 문제들을 해결하는 데 과학기술이 유일하지는 않지만 매우 결정적인 열쇠라는 사실이다. 바로 이 사실 때문에 과학박물관과 과학 센터는 새로운 개념을 도입하고 있다.

바로 필즈-온Feels-On Science 개념이다. 이는 과학기술이 단순히 보거나Eyes-On 즐기거나Hands-On 이해하는Minds-On 대상만이 아니라 우리가 적극 참여하고 생활 속에서 실천해야 할 대상이라는 것이다. 과학기술이 우리의 현재뿐만 아니라 미래를 결정하는 중요 요인이기 때문에 과학박물관과 과학 센터는 시민들에게 과학적인 소양 함양을 그리고 청소년에게는 과학 교육을 위한 장으로 변모되어야 하는 것이다. 곳곳에서 기후변화나 물 부족 등을 주제로 한 특별 전시회가 기획되고 개최되는 것은 바로 이러한 변화를 반영한 것이다.

전 세계의 주요 도시에 있는 과학박물관 혹은 과학 센터는 '당신에게 내재된 창의성을 발현시키는 곳', '호기심을 채워 보세요' 등의 모토를 내걸고 오늘도 다양한 전시와 교육 그리고 문화 행사를 기획하여 진행하고 있다. 전시물은 전혀 없고 오직 19세 이상의 성인만이 먹고 마시면서 과학에 대해 토론할 수 있는 과학박물관이 있는가 하면, 로봇이라는 한 가지 주제에 관해서 모든 것을 보여 주는 테마형 과학박물관도 있다. 이어지는 장에서는 세계의 도시와 그 도시에 있는 과학박물관이 어떻게 사람들과 소통하면서 과학의 흔적들을 기록하고 남겨 놓았는지 차례차례 살펴볼 것이다.

| 제2장 |

피렌체
: 갈릴레오 박물관

과학계의 최강 듀오,
다빈치와 갈릴레오를 만나다

313년에 로마의 황제 콘스탄티누스가 밀라노 칙령을 통해 기독교를 공인한 이래 서양 역사는 1,000년 동안 기독교 왕국이었다. '철학은 신학의 시녀'라는 말이 대변해 주듯이 신에 관한 지식만이 유일하게 존중할 만하고 가치 있는 지식으로 칭송받던 중세는 15세기가 도래하면서 한순간에 무너졌다. 대신 인간의 가치를 존중하는 새로운 근대 세계가 펼쳐졌다. 역사학자들은 이 커다란 전환에는 크게 세 가지 사건이 중요했다고 평가하면서 이것을 '3R Revolution, 혁명 '이라 부른다.

첫 번째 혁명은 문예 부흥 운동인 르네상스 Renaissance 다. 고대인들이 도달했던 화려한 학문과 예술의 정점으로 다시 되돌아가자는 운동이다. 또 다른 혁명은 교황청 등에 소속된 성직자들 없이도 평신도인 내가 직접 하나님과 대화하고 소통할 수 있음을 만천하에 공표한 종교개혁 Reformation 이다. 그리고 나머지 하나는 근대과학사학자인 허버트 버터필드 Herbert Butterfield 가 역사의 전면에 내세웠던 과학 혁명 Scientific Revolution 이다.

과학 혁명은 1542년에 출간된 코페르니쿠스의 『천구의 회전에 관하여』• 라는 책에서 시작되어 1727년 아이작 뉴턴의 『프린키피아 Principia』•• 로 종결된 천문학과 물리학에서의 대혁명적 전환을 의미한다. 버터필드는 앞의 두 가지 혁명이 과거로 돌아가자는 회귀적인 특성을 가졌다고 한다면, 과학 혁명이야말로 과거와의 단절을 통해 근대라는 거대한 물결을 새롭게 열었던 미래지향적이고 전진적인 사건이라고 평가했다.

하지만 인류가 근대라는 새로운 시대를 열 수 있었던 데에는 이 세 가지 혁명이 별개로 일어났던 것이 아니라 각각 서로의 배경, 원인 또는 그 결과로 뒤섞여 일어났기 때문이다. 특히 이러한 일은 제일 먼저 무역업을 통해 부를 획득한 이탈리아의 도시국가들을 중심으로 펼쳐졌는데 그들 중 가장 왕성했던 곳이 바로 피렌체, 영어로는 플로렌스라 불리는 도시였다.

아르노 강이 가로지르는 도시 피렌체는 영화나 소설에도 자주 등장한다. 아름다운 강을 내다볼 수 있을 것이라는 기대를 잔뜩 안고 피렌체로 여행을 온 영국의 젊은 아가씨가 진정으로 사랑하는 남자를 만나게 된다는 영화 〈전망 좋은 방〉이나 일본 소설 『냉정과 열정 사이』의 배경지로 굉장히 유명하다. 또한 아르노 강의 가장 오래된 다리인 베키오 다리는 세계의 연인인 단테와 베아트리체의 운명적인 만남이 이루어졌던 곳이다. 『군주론』이라는 명저를 집필하여 이 도시의 통

• 코페르니쿠스는 『천구의 회전에 관하여』 책을 사후에 출간했다. 우주의 중심을 지구에서 태양으로 바꾸는 내용이 실린 이 책이 출간되면 어려움에 직면할 것임을 두려워한 것이다.

•• 프린키피아의 원제목은 『자연철학의 수학적 원리(Philosophiae Naturalis Principia Mathematica)』다.

아르노 강변과 어우러진 피렌체.

치자에게 헌정했으나 결국 다시 돌아오지 못한 마키아벨리의 회한이 서린 도시이기도 하며, 비너스의 탄생이라는 걸작을 잉태한 보티첼리의 도시이기도 하다.

아름다운 저녁노을과 도시의 야경을 감상할 수 있는 미켈란젤로 광장에 서 있는 거대한 복제품 다비드 상은 도시 전체가 미술관이자 박물관인 도시의 특성을 잘 보여 준다. 특히 중세 이후 정치적 활동의 중심지였던 시뇨리아 광장의 넵투누스 분수 주변에 있는 메디치의 청동 기마상과 미켈란젤로의 진짜 다비드 상은 보는 이의 탄성을 자아낸다. 하지만 그 무엇보다도 피렌체를 세계인의 도시, 역사적인 도시로 만들었던 것은 그곳을 통치하며 뛰어난 과학자와 예술가, 철학자와 사상가들을 끌어모았던 메디치 가문이다.

토스카나 지방에서 대대로 농사를 지으며 별로 내세울 것 없던 메디치 가문은 교황청과의 은행업을 통해 막대한 부를 획득한 이후 정치력을 확대하여 이탈리아뿐만 아니라 서구 유럽의 역사에서 큰 영향력을 행사했다. 교황을 넷이나 배출하고 프랑스 왕비 둘을 포함하여 수많은 유럽 왕조와 친인척 관계를 맺은 메디치 가문은 이후 300년 동안 피렌체와 고향인 토스카나 지방을 다스렸다. 이 가문의 특징은 전쟁을 일으키는 대신 수많은 예술가와 과학자를 저택으로 초청하여 아낌없이 후원하고 격려하는 문화 활동을 전개했다는 것이다. 덕분에 피렌체는 르네상스의 가장 활발한 중심지가 될 수 있었다.

특히 메디치 가문의 코시모 데 메디치Cosimo de' Medici, 1389~1464는 돈을 버는 것보다 훨씬 큰 즐거움은 돈을 잘 쓰는 것이라며 문화와 예술의 강력한 후원자를 자처하고 나섰다. 그는 멀리 오스만제국까지 사람을 보내 수많은 고전 문헌을 모으도록 명했는데, 이렇게 모아진 문헌들을 읽고 번역하면서 다양한 지적 세계가 열릴 수 있었다. 또 사람들은 원전原典을 직접 접하고 싶은 호기심을 키워 갔다. 고대 학문 세계에 대한 지적 호기심, 이것이 바로 르네상스의 시작을 이끌었던 힘이다. 사람들은 아랍 세계를 통해 재번역된 그리스의 저작물이 아니라 고대 원전을 직접 보고 배우면서, 화려했던 고대 학문 세계의 부활을 꿈꾸었던 것이다. 코시모의 뒤를 이은 로렌초 데 메디치 역시 폭넓은 인문주의적 교양을 지닌 인물로 철학과 인문학을 널리 장려하고 후원했다. 도시 곳곳에 남아 있는 예술품과 지적 활동의 결과물이 그들의 화려했던 시절을 고스란히 보여 주는 셈이다.

도시 피렌체에 남아 있는 작품 중에서 단연 최고 걸작을 만든 이는 이 도시에서 한동안 살았고 또 도시에 머무는 동안 도시의 자양분을 충분히 흡수하며 성장한 두 인물이다. 한 사람은 수학자이자 천문학자이면서 기구 제작자로 활동하였던 갈릴레오 갈릴레이Galileo Galilei, 1564~1642고, 다른 한 사람은 건축가이고 화가이자 장인이었고 학문적 예술가로 활동하던 레오나르도 다빈치Leonardo da Vinci, 1452~1519다. 창의성의 아이콘으로 자주 언급되는 이들 두 인물이 지적 황금기인 르네상스기에 도시 피렌체에 머물렀다는 것은 결코 우연한 일이 아니다.

특히 아르노 강변에 위치한 갈릴레오 박물관은 갈릴레오가 이루어 낸 놀라운 과학적 성과들과 함께 그가 제작했거나 사용하였던 실험 기구들을 선보이고 있다. 가난한 수학 강사였던 갈릴레오는 메디치 가문의 후원을 얻기 위해 부단히 노력했으며, 결국 네덜란드의 한스 리퍼리가 발명했다던 망원경으로 목성이 4개의 위성을 가지고 있다는

갈릴레오 박물관 모습.

놀라운 사실을 발견했다. 그리고 이 과학적 사실에, 메디치 가문이 목성을 귀히 여긴다는 점과 이 집안에 아들이 4명이라는 점에 착안하여 '메디치 가문의 별들'로 이름 붙였다. 역사상 가장 아름다운 헌정으로 손꼽히는 갈릴레오의 놀라운 정치적 행동에는 다분히 속셈이 숨어 있었고, 갈릴레오는 그 대가로 메디치 가문의 궁정 수학자이자 철학자라는 높은 직위와 보수를 받게 되었다.

피렌체가 키워 냈고 또 피렌체에 묻힌 갈릴레오는 1564년 이탈리아의 북서부에 위치한 피사에서 태어났다. 의사가 되기를 바랐던 아버지의 뜻에 따라 의학부에 입학했으나 첫 번째 해부 수업에서 충격을 받고 심한 구토를 일으켜 의학 공부를 포기하고 말았다. 과학의 역사를 살펴보면, 원래 부모의 뜻에 따라 의사가 되려고 의학부에 입학했다가 해부 광경을 못 견디고 뛰쳐나온 두 명의 유명한 과학자가 있다. 한 사람은 바로 갈릴레오고, 다른 한 사람은 찰스 다윈이다. 갈릴레오는 천문학과 물리학에서 그리고 다윈은 생물학에서 혁명적 전환을 가져온 인물인데, 만약 이들이 모두 의사가 되었다면 과학의 발전이 어떻게 되었을까 하는 상상을 하곤 한다.

원하지 않던 공부를 해야 하는 갈릴레오는 어느 날 성당에서 설교를 듣다가 너무 지루해지자 고개를 돌려 우연히 천장에 걸린 샹들리에를 주목하게 되었다. 그에게 샹들리에는 정지한 것이 아니라 중앙에 매달려 아주 천천히 흔들리는 것으로 보였고, 샹들리에가 한 번 왔다 갔다 하는 시간은 동일하게 보였다. 당시 시계는 아주 고가의 물건이었기 때문에 시간을 재기 어려웠던 갈릴레오는 자기 팔의 맥박이 규칙적이라는 사실을 활용하여 진자의 등시성• 을 알아내게 되었다. 당시에는 흔들거리는 물체의 폭이 좁을수록 시간이 적게 소요될 것으로 믿었는데, 갈릴레오는 진자가 진동하는 주기는 진폭과 무관하게 일정함을 발견했다.

1589년에 갈릴레오는 친구 수학자들의 도움으로 피사 대학교에

• 진자는 그 길이와 무관하게, 즉 진폭에 상관없이 왕복하는 데 걸리는 시간이 동일하다는 것이다. 갈릴레오는 18세 때 진자의 등시성을 발견한 것으로 알려져 있다. 어느 날 피사의 로마네스크 성당에 들어선 갈릴레오는 천장에서 길게 늘어져 흔들리는 샹들리에를 보았다. 그러나 이러한 일화는 신빙성이 떨어진다. 왜냐하면 갈릴레오가 1582년에 보았다는 로마네스크 성당의 샹들리에는 1587년에 설치되었기 때문이다. 그 일화는 대부분의 사람이 종교적 의례에 시간을 낭비하고 있을 때 갈릴레오는 과학적 진리를 추구하는 데 전념했다는 점을 부각시키려고 만들어진 것으로 보인다. 물론 갈릴레오가 여러 가지 진자를 가지고 실험을 하긴 했지만 그것은 대학 시절이 아닌 노년 시절의 일이었다.

서 수학 강사 자리를 얻을 수 있었다. 그가 기울어진 피사의 사탑[●] 에서 무게가 다른 두 개의 물체를 떨어뜨리는 실험을 통해 두 물체가 동시에 바닥에 떨어진다는 사실을 밝혀냈다는 일화는 그가 시대의 질서에 순응하지 않았음을 보여 준다. 시대를 이끌어가는 개척가였던 그는 기존의 불필요한 관습도 거부했는데, 특히 대학에서 강의할 때 가운을 입어야 한다는 규정을 신랄하게 비판한 탓에 선배 교수들이 그를 매우 싫어했다고 한다. 1591년에 갈릴레오는 피사를 떠나 파도바 대학교로 자리를 옮기면서 피렌체에 살게 되었고, 이곳에서 학생들에게 개인 교습을 하거나 각종 기구를 제작하는 일로 돈을 벌면서 수학 연구를 수행했다.

그는 『운동에 관하여De Motu』라는 책에서 아리스토텔레스의 운동 이론 대신 낙하하는 물체에 관한 완전히 새로운 이론을 제시했다. 고대 아리스토텔레스는 운동을 '변화하는 과정'으로 정의하고서 변화하는 모든 자연현상을 운동으로 표현했다. 그에게는 어린아이가 자라서 어른이 되는 것도 운동이며, 나무에 꽃이 피는 것도 운동이었다. 그는 또 운동을 '자연스러운 운동'과 '부자연스런 운동'으로 나누었다. 그리고 자연스런 운동은 물·불·공기·흙이라는 4가지 원소가 자연스럽게 자기 영역을 찾아가는 것이고 그렇지 않은 모든 것은 부자연스런 운

● 피사의 사탑 실험이 성립하기 위해서는 진공 상태가 가정되어야 하는데, 피사의 사탑 부근을 진공으로 만든다는 것은 상상하기 어렵다. 게다가 갈릴레오가 활동했던 시절에는 진공 상태를 유지할 수 있는 방법이 개발되지 않았다. 일상적인 판단에 따르면 무거운 물체가 가벼운 물체보다 빨리 떨어지며, 우리는 이것이 공기의 저항력에서 기인한 것으로 알고 있다. 흥미롭게도 갈릴레오에 앞서 네덜란드의 과학자 스테빈(Simon Stevin)이 1586년에 낙하 실험을 실시했다는 기록도 있다.

동이라고 불렀다. 그에게는 무거운 돌덩이를 위로 쏘아 올리는 것은 부자연스런 운동으로, 부자연스런 운동이 일어날 때는 반드시 외부로부터의 힘인 동인이 있어야 한다고 가르쳤다. 그런데 문제는 화살과 같이 던져진 물체가 따르는 궤도를 어떻게 자연스런 운동과 부자연스런 운동으로 설명할 것인가였다. 던져진 물체, 즉 투사체는 일정 부분 수평 방향의 운동을 하다가 아랫쪽으로 떨어지는데 아리스토텔레스는 수평 방향의 운동은 설명할 수 없었던 것이다.

여기서 그는 발상의 대전환을 이루게 된다. 풀리지 않는 문제를 잡고 고민하느니 차라리 그것을 풀 수 있는 문제로 바꾼 다음에 바꾼 문제를 풀어내는 것이다. 왜 투사체가 포물선 모양을 따르는지에 대한 원인을 설명할 수 없다면 원인의 문제에 더 이상 관여치 말고, 대신 운동이 어떻게 일어나는지를 정확하게 관찰하고 기술하자는 것이다. 이러한 발상의 전환 덕분에 그는 운동을 수평 방향과 수직 방향의 운동 성분으로 분해할 수 있었으며, 양쪽 방향 성분의 크기를 합성하여 운동 궤도의 방향과 그 크기를 정확히 기술해 낼 수 있었다. 또한 물체가 외부의 동력이 작용하지 않는 한 처음의 상태를 계속해서 유지하려는 경향인 '관성'의 개념에도 도달했다.

갈릴레오 박물관은 2010년 6월에 피렌체 과학사 박물관에서 새롭게 출발했으며, 멀리 메디치 가문의 '세계지도 방Map Room'에 기원을 두고 있다. 세계지도 방은 57개의 문과 당시까지 알려진 세계의 지도를 그려 넣은 벽장으로 둘러싸여 있었고, 한쪽 끝에는 천상계와 지상계를 나타내는 거대한 구가 천장으로부터 매달려 있었다. 여기에 1657년 조직된 치멘토 아카데미Accademia del Cimento가 실험 활동을 통

갈릴레오 박물관 내부.

해 새로 제작했던 과학 기구들이 더해졌다. 치멘토는 이탈리아 어로 '위험한 시도' 혹은 '실험'을 의미하는 것으로, 갈릴레오를 비롯하여 비비아니, 보렐리, 토리첼리 등 당대의 쟁쟁한 과학자들이 대거 회원으로 활동했다. 10여 년 정도 존속되었던 이 아카데미는 당대 실험과학의 메카였으며 이후 그 정신은 영국의 왕립 학회와 프랑스의 왕립 과학 아카데미로 이어졌다.

1608년 10월에 갈릴레오가 '멀리서 볼 수 있는 기구'로 불리던 망원경을 발명할 수 있었던 것은 스스로 공방을 차려 실험 및 수학 기구를 제작해 주고 돈을 벌어야 했던 오랜 경험 덕분이었다. 1591년에 아버지가 세상을 떠나자 갈릴레오는 유산은커녕, 아버지가 남발한 지불 약속을 지키라는 요구에 몹시 시달렸다. 특히 거액의 지참금을 챙겨 여동생을 시집보내야 하는 책무감을 떠안게 된 그는 컴퍼스와 같은 기구를 만들어 팔거나 군사학, 기계학, 천문학 등에 관한 개인 교습으로 수입을 보충했으며 심지어 학생을 하숙시키기도 했다. 그가 해부학 실험실을 뛰쳐나오지 않고 의사가 되었더라면 쉽게 해결되었을 돈 걱정 때문에 그는 한동안 많은 고생을 한 셈이다. 하지만 결국은 자신이 좋아하는 일을 하기 위해 큰 용기를 냈고 또 그 일을 할 수 있게 되었기 때문에 역사에 위대한 이름을 남길 수 있었다.

갈릴레오는 한 번도 본 적이 없던 망원경을 직접 제작했는데, 처음에는 3배 정도의 흐릿한 배율을 가진 것이었지만 점차 30배까지 확대할 수 있었다. 그리고 그는 그것으로 '감히' 하늘을 올려다보았는데 그 결과는 너무나도 놀라웠다. 망원경으로 바라본 달은 매끈한 구球가 아니라 분화구와 산들로 뒤덮여 있었고, 태양의 흑점 역시 고정된 것이 아니라 일정한 주기로 움직이는 불완전한 것이었다. 우주의 중심은 달을 경계로 해서 불완전한 지상 세계와 완전한 천상 세계로 구분되는 것이라는 아리스토텔레스의 가르침은 완전 잘못된 것이었다. 그리고 그 완벽하던 목성은 4개나 되는 위성을 가지기까지 했다. 갈릴레오는 이 놀라움에 대해 이렇게 말했다.

"나는 이미 알려진 옛 별들보다 10여 배나 많은 별을 보았다. 그러나 이전에 어떠한 천문학자도 알거나 관찰하지 못한 네 개의 행성을 발견했다는 사실은 다른 것과 비길 수 없으리만치 커다란 놀라움을 준다."

갈릴레오는 망원경으로 발견한 새로운 사실 때문에 케플러의 태양중심설을 지지하는 그룹에 속하게 되었고, 이 때문에 종교재판에 두 번이나 회부되었다. 첫 번째 약식으로 진행된 종교재판에서는 갈릴레오에게 향후 태양 중심의 우주론을 우주의 현실이라고 가르쳐서는 안 된다고 금지했지만, 천문학적 · 수학적 가설로 주장하는 것까지 금지하지는 않았다. 하지만 1633년 4월에 있었던 두 번째 정식 재판에서 갈릴레오는 고문의 위협에 소신을 굽히고 말았다. 그가 재판장을 나오면서 "그래도 지구는 돌고 있다."고 말했다거나 재판 기간 중에 고문을 받았다는 말은 사실 다 후세가 만들어낸 이야기다. 갈릴레오는 재판은 받았지만 바티칸 궁전 안에 거주했고 하인의 시중도 받았으며 또 건강이 나쁘고 고령이라는 점 때문에 가택 연금 정도로 감형되었다.

이러한 갈릴레오의 삶의 흔적이 고스란히 담겨 있는 갈릴레오 박물관에는 그가 제작했던 군사용 컴퍼스 · 기하학 컴퍼스 · 무장된 자철석 · 빗면 낙하 실험 장치 · 목성의 위성을 발견할 때 사용했던 망원경 렌즈 등이 전시되어 있다. 특히 흥미롭게도 이곳에는 100년 동안 사라졌다가 우여곡절 끝에 다시 찾은 '갈릴레오의 오른쪽 손가락'과 '치아'를 볼 수 있다.

1642년에 사망한 갈릴레오의 시신은 95년 만인 1737년에 피렌체 산타크로체 성당으로 이장되는데, 이때 그를 광적으로 따르던 추종자들이 그의 시신 일부를 훔쳐 도망쳤다. 특히 이들 중 안톤 프란체스코 고리라는 사람은 갈릴레오의 오른손 가운뎃손가락을 가져갔는데, 하늘을 향하고 있는 갈릴레오의 가운뎃손가락은 1905년까지 수집가들 사이에서 비밀리에 거래되었다가 행방이 묘연해졌다. 그러다가 최근 한 수집가의 눈에 띄었는데, 그동안 이탈리아의 한 후작이 보관하던 것을 그의 후손이 내용물이 무엇인지 몰라 경매장에 내다 팔았던 모양이었다. 내용물이 신체 일부라는 데 호기심을 가진 수집가가 이것을 과학사 박물관 및 피렌체의 문화 관련 관료와 학자들에게 자문을 의뢰했고, 결국 갈릴레오 박물관은 그것이 갈릴레오의 신체 일부임을 밝혀냈다. 거의 300년이 다 되어 피렌체는 갈릴레오의 신체 일부를 되찾게 된 것이다.

2013년부터 갈릴레오 박물관에서는 아주 특별한 전시회가 열리고 있다. '동전에 들어 있는 과학Science in Coins'이 그것이다. 15세기부터 20세기까지 주조된 403개의 동전과 각종 메달을 통해 과학의 역사적 성과를 보여 주고 있다. 누구나 짐작하듯이 17세기 동전들 중에는 갈릴레오와 레오나르도 다빈치의 동전이 전시되어 있다. 1680년경에

갈릴레오 박물관의 전시물, 안토니오 산투찌의 혼천의.

청동으로 주조된 72mm 크기의 갈릴레오를 그려 넣은 동전에는 앞면에 갈릴레오의 얼굴과 'GALILEVS LYNCEVS - AETAT L 50세 때의 모습' 라는 글자가, 뒷면에는 그가 사용한 망원경과 다음 글귀가 새겨져 있다.

> "NATVRAMQVE NOVAT - MEMORIAE OPTIMI PRAECEPTORIS VINC. VIVIANUS. "자연의 법을 바꾸다 - 스승의 기억에 부쳐. 비비아누스." "

피렌체의 정신을 고스란히 보여 주는 레오나르도 다빈치는 '빈치 지방에서 태어난 레오나르도 Leonardo da Vinci '라는 이름이 말해 주듯 '성'을 가지지 못한 채 가난한 농촌에서 태어났다. 그가 도시 피렌체를 만난 것은 14세 때로, 당시의 대표 화가이자 '대스승 그레이트 마스터 '이었던 안드레아 델 베로키오의 공방에 도제 견습생으로 들어갔다. 그곳에서 그는 화학과 금속학, 수학과 해부학, 시각생리학과 원근법 등 화가가 되는 데 필요한 다양한 기술을 배우고 열심히 습득했다. 20세가 되던 해 그는 예술가와 의사로 구성된 피렌체 화가 조합에 가입하고 정식 회원이 되었으며 이제 독립해도 좋을 만큼 충분한 실력을 갖추었다. 하지만 그는 베로키오를 돕기 위해 10년을 더 피렌체에 머물렀다. 30세가 될 무렵에야 그는 겨우 도제를 마감하고 정든 피렌체를 떠나게 되었다.

다빈치는 나중에 다시 피렌체로 되돌아오는데, 돌아오기까지 17년 동안 밀라노에서 보냈다. 그가 왜 밀라노로 떠났는지는 확실치 않지만, 아마도 루도비코 스포르차 공작이 자신의 예술적이고 과학적인 능력을 키워 줄 수 있을 것이라고 생각했던 것 같다. 하지만 자발적으로 찾아간 그에게 스포르차 공작은 화장실 하수도를 놓는 일, 중앙난방시설을 설치하는 일 그리고 밀라노 공의 연회를 연출하는 잡다한 일을 맡겼다. 이에 주눅 들지 않았던 다빈치는 연회 때 정교한 의상과 가면, 신기한 기계 등을 선보임으로써 손님들의 칭찬을 받았고, 결국 스포르차 공작의 신임을 얻게 되었다. 그는 이후 전속 화가이자 군사 기술자이며 건축가로 일하면서 다양한 분야의 학자들과 교류했고, 식물학·광학·수력학·천문학·해부학 등 온갖 분야에 대한 관심을 키워 나갔다. 특히 그가 1495년~1497년에 걸쳐 그린 〈최후의 만찬〉은 미술가적 천재성과 과학적 구도의 완벽함을 보여 주는 대표작으로 꼽힌다.

다빈치가 다시 피렌체로 돌아온 때는 1499년 프랑스 왕 루이 12세가 밀라노를 침입할 무렵이다. 대략 1503년부터 약 4년에 걸쳐 그렸지만 미완으로 남겨진 위대한 걸작 〈모나리자〉는 바로 이 시기에 탄생한 것이다. 피렌체 대부호 지오콘다의 아내를 모델로 삼아서 '리자 부인'이라는 뜻의 '모나리자'로 칭한 이 작품은 눈썹이 없는 것에 대해 사람들의 말이 많았다. 미완성이어서 그렇다는 주장과 복원 과정에서 지워졌다는 주장이 맞섰는데 최근 과학자들의 분석 결과는 처음에 눈썹이 옅게 그려져 있었다는 것이다. 모나리자의 가장 큰 매력은 웃는 건지 아닌지 알 수 없는 은은한 미소인데, 몇 년 전 미국과 네덜란드 과학자가 공동 개발한 감성 인식 소프트웨어로 그 미소를 분석했더니 행복한 감정이 83%, 혐오 9%, 두려움 6%, 화 2%가 섞여 있는 것으로 나타났다고 한다.

세계에서 가장 많은 사람이 관람했으며, 가장 많은 책에서 인용되었을 뿐만 아니라 가장 많이 노래로 소개되거나 패러디된 명화인 〈모나리자〉는 현재 프랑스 루브르 박물관에 소장되어 있다. 그런데 흥미롭게도 〈모나리자〉가 이렇게까지 유명하게 된 데는 1911년에 발생했던 도난 사건의 영향이 컸다. 프랑스 언론은 루브르 박물관의 관리 소홀을 맹렬히 비판했고, 경찰은 심지어 화가 피카소까지 용의선상에 두고 대대적인 수사를 벌였다. 2년 동안이나 미궁에 빠져 있던 이 사건은 어느 날 피렌체에서 거짓말처럼 해결되었다. 모나리자의 액자를 만드는 작업에 참여했던 페루자라는 화가가 10만 달러에 〈모나리자〉를 팔려고 우피치 미술관에 나타난 것이다. 그런데 황당한 것은 그가 재판장에서 진술한 내용이었다.

"내가 루브르 박물관에서 〈모나리자〉를 가지고 태연히 걸어 나올 때 아무도 제지하지 않았다. 피렌체의 화가가 피렌체의 여인을 그린 그림을 조국의 품에 되돌려주기 위해 가져온 것이 잘못인가?"

다시 피렌체에 머물면서 다빈치는 많은 존경을 받았다. 그는 이제 회화보다는 수학 연구에 더 몰두했으며, 매일의 생각과 연구를 꼼꼼하게 메모하는 습관을 갖게 되었다. 30년 동안 계속된 이 메모 습관 덕분에 오늘날 우리는 그의 미술, 문학, 과학의 원리를 재현할 수가 있다. 그의 친필 노트가 가장 많이 보관된 곳은 영국 윈저 성의 왕립 도서관으로 약 600쪽 정도가 보관되어 있는데, 그 가치가 우리나라 돈으로 6조 원이 넘는다고 한다. 그는 수백 장의 스케치를 남겨 놓았는데 대표적인 것으로는 총포와 대포를 싣고 어느 방향으로든 움직일 수 있는 전차, 적의 포탄이 외벽을 뚫더라도 여전히 떠 있을 수 있는 선체가 2중으로 된 배, 태엽으로 조정되는 시계, 무거운 물체를 들어 올리는 기중기 등이다. 특히 그는 비행에 대한 강한 열망으로 새가 날아가는

다빈치의 설계를 토대로 제작된 군함과 글라이더.

원리를 알기 위해 자세히 관찰했으며, 다양한 비행기구를 기획했고 낙하산, 행글라이더와 네 사람이 힘을 모아 움직이는 헬리콥터까지도 구상했다.

그는 또 사체에 대한 해부가 의학 대학교 해부실 말고는 엄격하게 금지되던 상황에서 30여 구의 사체를 직접 해부하고, 이를 소와 새 등 동물의 구조와 비교했다. 시체를 냉동시킬 방법도, 방부제도 없던 시절에 시체 썩는 냄새를 참아 가며 오랜 시간 동안 수행한 해부 결과는 그가 남긴 인체 해부도 등에 자세하게 담겼다. 그가 남긴 200여 개의 인체 묘사도는 "끔찍할 정도로 분해된 시체들과 밤마다 함께 지내며" 고통을 참아 낸 노력의 산물로 이후 그의 연구는 해부학 발전에 크게 기여했다. 과학기술과 문화 예술의 융합이 새로운 창조성의 원천으로 주목받는 작금에 갈릴레오와 레오나르도 다빈치가 도시 피렌체에 남긴 '흔적'은 도시를 방문하는 사람들의 다양한 기억이 더해져 오늘도 새로운 스토리를 만들어 내고 있을 것이다.

| 제3장 |

프라하 : 케플러 박물관

케플러, 우주의 중심에서 지구를 밀어내다

어느 날 아침 갑자기 벌레로 변해 버린 자신을 발견하고 충격에 빠진 주인공을 다룬 『변신』의 작가 카프카가 '어머니'라 여겼던 도시. '로봇 robot'이라는 용어가 역사상 처음으로 등장했을 뿐만 아니라 또 연극으로 공연됨으로써 일찍부터 인공지능 로봇 시대를 예측한 상상력의 도시.* 여관 겸 푸줏간 아들이었던 음악가 드보르자크가 그 재주를 발견하고 개발했으며 성공하고 또 죽어서 편안하게 잠들어 있는 도시. 너무나 아름다워 '작은 프랑스 Little France'라 불리며 아기자기한 건축물과 풍광을 자랑하는 이 도시의 구시청 광장에서는 매시간마다 거대한 천문시계 Staromestaromestsky Orloj가 울린다. 전 세계에서 모여든 사람들은 시계가 울리는 순간이나마 허영과 돈 그리고 음악이 죽음 앞에서는 아무런 소용도 없다는 삶의 중요한 교훈에 귀 기울인다.**

도시 '프라하'를 기억하는 이유는 사람마다 다 다르겠지만, 이곳

---

* 소설가 카렐 차페크(Karel čapek)가 1920년에 발표한 작품 「로섬의 만능 로봇(R.U.R – Rossum's Universal Robots)」에서 처음으로 등장한 단어 '로봇'은 체코 어 '로보타'에서 유래된 것으로 '강제 노동'을 의미한다. 그의 작품은 1921년 초에 연극으로 각색되어 프라하 국립 극장에서 초연되었다.

프라하의 구시가지 광장.

이 인류의 사고 체계를 획기적으로 대변혁시켰던 천문학 혁명의 도시임을 아는 사람은 많지 않을 것 같다. 인간을 중심으로 펼쳐지던 우주는 이제 그 중심에서 인간을 내몰았으며, 우주의 중심은 지구가 아니라 태양이었다. 또 행성들이 따라 회전하는 궤도는 완전한 원이 아니라 타원이었으며, 행성들이 동일한 시간에 움직이는 면적의 총량은 항상 동일했다. 대단히 혁신적이면서 근본적인 이 혁명의 중심에 바로

•• 사람들 사이에 전해지는 이야기가 있다. 이 시계는 1490년에 천문학자 하누스가 제작했는데, 그 정교함과 아름다움 때문에 프라하 시 당국이 그를 장님으로 만들어 버렸다는 것이다. 이후 장님이 된 하누스가 다시 자신의 걸작인 시계를 만지자 시계가 멈추었고 더 이상 움직이지 않았다고 한다. 하지만 실제로 이 시계는 천문학자이자 수학자이면서 까를 대학교의 교수였던 얀 신달과 시계 장인인 미쿨라슈가 1410년에 제작하였고 1552년에 수리공의 실수로 멈췄다가 1860년부터 다시 작동하고 있다.

요하네스 케플러가 있다. 도시 프라하는 1600년 눈보라치던 어느 추운 날, 힘들고 절망적이었던 케플러에게 기꺼이 손을 내밀어 따뜻하게 감싸 주었다. 그리고 지칠 대로 지친 그가 숨겨진 열정을 마음껏 발휘할 수 있도록 격려했으며, 그로 인해 인류 역사에 그의 이름이 길이 남도록 하였다.

구시가지와 고풍스런 프라하 성을 연결하는 블타바Vltava 강의 가장 오래된 다리인 카를 교 끝에는 아주 오래된 거리인 카를로바 거리가 있다. 강을 건너기 직전인 이 거리의 끝자락에는 눈에 잘 띄지 않는 소박한 규모의 3층짜리 건물이 하나 있는데, 이곳은 바로 400년 전에 케플러가 살았던 집이다. 프라하 시 당국이 2009년에 유엔이 지정한 '세계 천문학의 해'를 기념하고, 또 그가 출간한 저서 『새로운 천문학New Astronomy』의 출간 400주년을 기념하기 위해 그 집을 케플러 박물관으로 새롭게 개조했다. 케플러가 프라하에서 보낸 12년의 삶의 궤적을 고스란히 보여 주는 이곳의 특징은 박물관의 상징 로고를 보면 금방 짐작할 수 있다. 빨간색과 파란색 그리고 노란색의 점점 커지는 3개의 원으로 구성된 로고는 각각 화성, 지구 그리고 태양을 상징한다. 이는 화성에 관한 자료를 토대로 지구와 태양의 위치를 바꾸는 천문학 혁명을 완성했음을 보여 주는 것이다. 작은 규모의 공간에 그리 많지 않은 전시물과 가재도구들이 전시된 이곳에서는 케플러가 겪은 좌절과 성공 그리고 행복과 쇠퇴의 상반되는 흔적들을 만날 수 있다.

INTERNET
10M
HAIR SALON
WELLA & LOREAL
english speaking
TOBACCO
SHOP

케플러 박물관 입구.

소설가 아서 퀘슬러Arthur Keosler가 '몽유병자들sleepwalkers'• 로 불렀던 17세기 천문학자들 중에서 가장 공헌이 큰 케플러는 독일의 루터주의 가정에서 나고 성장했다. 구교의 부패를 개혁하기 위해 북유럽에서 시작되었던 종교개혁은 루터주의와 캘빈주의를 탄생시켰고, 루터주의에 속했던 케플러는 신교라는 이유로 중심 사회로 진출하지 못했다. 경제적으로 매우 어려웠던 탓에 학교도 제대로 다닐 수 없었던 그는 다행히 뷔템베르크 공작의 도움으로 장학금을 받고 튜빙겐 대학교에 입학하여 신학을 공부했다.

하지만 그는 성직자의 길을 걷는 대신 천문학과 수학에 관심을 두었고, 대학을 졸업하자 수학 강사로 취직해 버렸다. 23세의 젊은이는 오스트리아의 그라츠에 있는 한 신학교에서 수학과 천문학을 가르치는 교사가 되었다. 하지만 그의 취직은 조건부로써 자신의 능력을 증명하기 전까지는 월급의 4분의 3만을 받기로 했다. 때문에 그는 돈을 더 벌기 위해서 별점 치는 일, 즉 점성술을 행했다. 그런데 이는 그에게 그라츠 지역사회의 신망을 가져다주었을 뿐만 아니라 평생 동안 부족한 수입을 보충하는 수단을 제공해 주었다.•• 이런 점에서 그는 평생 동안 천문학자이기도 했지만 동시에 점성술사였다.

• 소설가이자 저널리스트이고 에세이스트였던 퀘슬러는 천문학 혁명을 일으킨 주인공인 코페르니쿠스 · 티코 브라헤 · 케플러를 실제로 자신들이 무엇을 하고 있는지 모르는 채 천문학 혁명을 시작하고 완성했다는 점에서 몽유병자에 비유했다.

•• 사람들을 설득하는 재주가 뛰어났던 케플러는 사실상 점성술을 허튼소리이며 어리석은 일이라고 생각했다. 그가 1595년의 중요한 사건들을 예언해 달라는 부탁을 받고 예언한 것 중에서 실현된 것으로는 슈타이어마르크 농부들의 반란, 오스만제국의 오스트리아 침입, 겨울 한파 등이 있으나 사실 이들을 예언이라고 보기는 어려운 측면이 많다.

케플러 박물관 내부 전시물.

1596년에 케플러는 20대의 젊은이가 다루기에는 너무나도 어려운, 게다가 신학을 공부한 사람이 다루기에는 너무나도 당돌한 책을 집필했다. 그것은 바로 우주의 중심이 지구가 아니라 태양임을 매우 조심스럽게 주장했던 코페르니쿠스의 천문학을 대변하는 『우주 구조의 신비Mysterium Cosmographicum』라는 책이었다.

이 책은 플라톤의 수학을 신봉하는 것으로, 고대 그리스의 철학자 플라톤은 이원론을 주창하여 우주를 본질의 세계인 '이데아의 세계'와 항상 변화하는 불완전한 '현상의 세계'로 구분했다. 그는 참다운 지식은 이데아의 세계에 대한 지식인데, 이데아의 세계에는 직접 도달할 수 없기 때문에 현상의 세계에 대한 지식을 통해 참된 지식에 도달할 수 있다고 주창하면서 '수학'과 '이성'을 강조했다. 그는 우주를 구성하는 근본 물질인 물·불·흙·공기의 4원소를 각각 정다면체에 비유하여 설명하곤 했다.*

이러한 플라톤의 수학 중심 사상은 르네상스기를 거치면서 다시 부활했는데, 학자들은 이러한 수학 중심 사조를 '신플라톤주의'라고 불렀다. 신플라톤주의는 수학을 중시하는 플라톤주의에다가 마술주의의 신비함을 더한 것으로 자연이 수학이라는 언어로 표현될 수 있음을 강하게 믿었다. 동시에 자연에서 추구해야 할 최고의 가치로 단순함과 조화로움을 꼽았다. 당시 지식인들 사이에서 유행처럼 번졌던 이 신플라톤주의는 천문학 혁명을 처음으로 시작했던 코페르니쿠스가 우주의 중심을 지구가 아닌 태양으로 바꿀 수 있었던 결정적인 배경이 되었다.**

케플러의 첫 주요 천문학 연구 『우주 구조의 신비』는 코페르니쿠스의 설을 옹호한 최초의 출판물이다. 케플러는 그라츠에서 교직을 맡고 있을 때인 1595년 7월 19일에 토성과 목성의 궁도대에서의 주기적인 합을 증명했다고 주장했다. 그는 정다각형들이 서로 안에 갇혀 우주의 기하학적 기반을 이룬다고 여겼고, 각 다각형들이 확실한 비율로 원에 내접하고 외접한다고 생각했다. 케플러는 천문 관측 결과와 들어맞는 다각형들의 배열을 찾는 데 실패하자 입체 다면체를 주목했고, 플라톤의 다면체들이 구형의 천구에 각각 내접하거나 외접한다는 사실을 발견했다. 이 입체들은 다른 입체 안에 속함으로써 6개의 포개진

---

* 플라톤은 불은 정사면체, 흙은 정육면체, 공기는 정팔면체, 물은 정이십면체로 표현하였다.

** 15~16세기에 부활한 신플라톤주의는 과학 활동의 중심 사상으로 자리 잡았다. 케플러를 비롯하여 갈릴레오, 뉴턴도 신플라톤주의자였다.

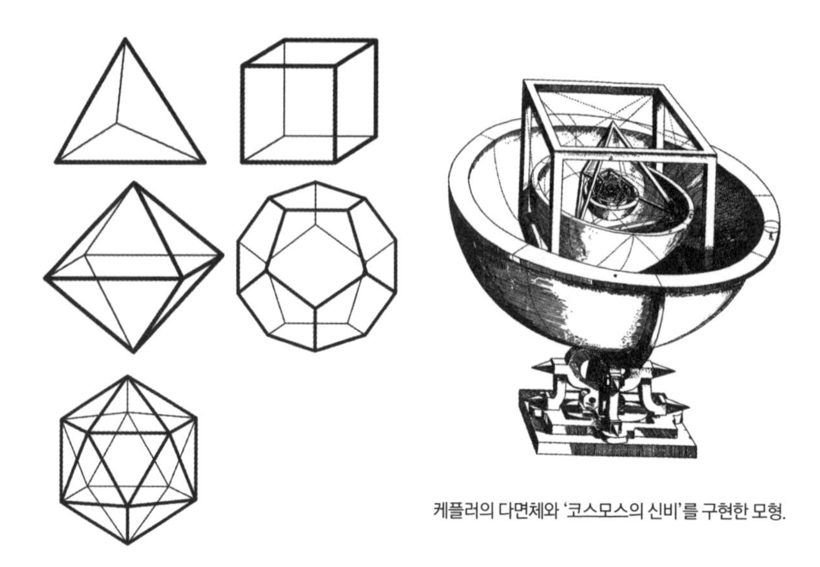

케플러의 다면체와 '코스모스의 신비'를 구현한 모형.

겹을 형성하는데 이 6개의 겹은 곧 당시까지 알려진 여섯 행성 수성, 금성, 지구, 화성, 목성, 토성 과 상응한다. 이들을 천구의 안쪽 중심부 에서 바깥쪽으로 순서대로 나열하면 정팔면체, 정이십면체, 정십이면체, 정사면체, 정육면체 순이다.

신플라톤주의의 강한 전통 안에 있었던 케플러 역시 수학을 중시했으며, 특히 자연에 존재하는 정다각형이 모두 5개라는 사실을 강하게 믿었다. 때문에 그는 "우주에는 왜 수성, 금성, 지구, 화성, 목성, 토성이라는 6개의 행성만이 존재하는가?"라는 질문에 언뜻 매우 우스꽝스러운 답을 제시했다. 그것은 바로 정다면체가 5개이기 때문에 그와 내접, 외접하는 행성이 6개일 수밖에 없다는 것이다. 그러면서 그는 5개의 정다면체를 확실한 비율로 행성들이 운동하는 구에 내접하거나 외접하도록 배치했다. 수성과 금성 사이에는 정팔면체를, 금성과 지구 사이에는 정이십면체를, 지구와 화성 사이에는 정십이면체를, 화성과 목성 사이에는 정사면체를 그리고 목성과 토성 사이에는 정육면체를 배열했다. 그는 이 그림 체계를 '코스모스의 신비'라고 불렀으며, 각각의 정다면체와 행성 간 거리의 관계는 '신의 손'을 의미한다고 굳게 믿었다. 나아가 그는 우주에서 행성들이 회전할 때 소리를 내는데 그 소리를 음표로 표현할 수 있다고 주장하면서 이를 우주의 음악이라고 불렀다.

케플러는 1595년에 23세의 바바라 뮐러와 결혼했다. 지극히 가난했던 케플러는 두 번이나 이혼한 경력에 딸까지 데리고 있었지만 전 남편의 재산을 상속받은 데다가 유복한 방앗간 주인의 딸이었던 바바라를 선택했다. 어렵사리 결혼한 케플러는 이제 막 행복한 가정을 꾸릴 참이었다. 하지만 뜻하지 않은 엄청난 시련이 그를 기다리고 있었다.

당시 그라츠를 지배하던 대공은 가톨릭교를 매우 신봉하는 사람이었고, 연이은 마녀재판과 핍박 속에서 신교도였던 케플러는 그라츠에 계속 남아 있을 수가 없었다. 종교의 자유를 인정해 주는 곳으로 떠나야만 했던 것이다. 그 어떤 곳에서도 미래를 찾을 수가 없었다. 당장 가족을 먹여 살릴 수 있는 일자리를 찾는 일이 급선무였다.

절망에 빠져 있던 케플러는 당시 유럽에서 최고의 천문학 장비와 인력을 보유했고, 가장 정확한 관측 자료를 수집하던 덴마크 황실 천문학자 티코 브라헤Tycho Brahe: 1546~1601●에게 도움을 청하기로 마음먹었다. 하지만 티코는 괴팍한 성격 탓에 많은 사람에게 회피의 대상이었다. 케플러 역시 티코를 좋아하지 않았기 때문에 티코를 찾아갈 생각은 하지 않았다. 하지만 너무나 절망적인 상황 탓에 케플러는 서둘러 티코를 찾았다. 케플러는 아직 티코가 자리를 주겠다는 허락을 내리지도 않았는데도 1600년 1월 프라하를 향해 발길을 내딛었다.

그런데 다행스럽게도 티코는 신성로마제국의 왕실 수학자인 우르수스Reimarus Ursus와 추한 싸움을 벌이던 중이라 우르수스를 공격하는 데 이용할 목적으로 케플러를 초청할까 생각하던 중이었다.•• 케플러가 수학적 계산에 뛰어났기 때문에 티코는 그의 이용 가치를 깨달았다. 또 때마침 케플러의 저작에 감명을 받았던 황제 루돌프 2세의 고문인 바론 호프만Baron Hoffman이 프라하로 가는 길에 티코를 케플러에게 소개시켜 주겠다는 제안을 했다. 마침내 1600년 2월 4일에 케플러와 티코는 베나트키 성에서 운명적인 만남을 가졌다.

이때 티코의 나이는 53세였고, 케플러는 28세였다. 천문학의 두 거장이 만난 것이다. 티코는 가장 방대하고 정확한 천문 자료를 보유했고, 케플러는 수학적 능력과 우주의 신비를 풀어내겠다는 열정을 가지고 있었다. 이들의 만남은 가히 운명적이었다. 하지만 케플러의 삶

• 티코 브라헤는 코펜하겐 대학교에서 정치가가 되려고 법학을 공부하다가, 일식을 목격한 다음에 천문학으로 관심을 돌렸다. 평생을 육안으로 천문 관측을 한 사람으로 최고의 관측 천문학자로 평가받고 있다. 1572년에는 카시오페이아 자리에서 신성을 발견했고, 1577년 혜성을 관측하여 혜성이 달보다 멀리 있는 천체라는 사실을 밝혀냈다. 그는 코페르니쿠스의 태양중심설을 반대하여, 행성이 태양 둘레를 공전하고 태양과 달이 다시 지구 둘레를 공전하는 독특한 절충설을 주장했다. 그가 관측한 화성에 관한 정밀한 기록은 나중에 케플러가 타원 궤도의 법칙과 면적 속도 일정의 법칙을 수립하는 데 결정적인 도움을 주었다.

•• 케플러는 수학자로서 명성을 얻기 위해 당시 제국의 수학자였던 우르수스에게 인류 사상 최고의 수학자라는 아부 편지를 보냈는데, 우르수스는 티코를 비판하는 책에 케플러의 칭찬을 활용하였던 것이다. 이를 뒤늦게 안 케플러는 티코에게 사과의 편지를 수차례 보냄으로써 다행히 친분 관계를 깨뜨리지 않을 수 있었다고 한다.

은 고단하고 어려웠다. 쫓겨나다시피 이주해 온 루터파의 가난한 천문학자에게 도시 프라하는 처음에는 결코 호의적이지 않았다. 하지만 인생에는 항상 놀라운 반전이 숨어 있는 법이라고 했던가! 도망치듯 찾아간 프라하에서, 결코 살아내기가 쉽지 않았던 프라하에서 케플러는 그야말로 인생 최고의 보물을 발견하게 되었다.

케플러와 티코는 가깝지만 호의적인 관계는 아니어서 처음 만났을 때부터 싸우기를 반복했다. 티코는 덴마크 귀족 출신인 데다가 왕으로부터 섬을 기증받기도 하고 왕실 천문대장이었던 탓에 거만하고 화려한 것을 좋아했다. 그래서 그의 주변에는 늘 아첨꾼이 북적댔다. 반면에 신경질적이었던 케플러는 아버지뻘이나 되는 티코에게 사사

케플러와 티코 브라헤의 동상.

건건 대들기 일쑤였다.

서로 성격이 맞지 않는 탓에 케플러는 심한 마음고생을 해야 했으며, 특히 아첨꾼들로부터 시골에서 온 촌뜨기라는 놀림과 왕따를 당해야 했다. 또 일찍부터 케플러의 능력을 알아보고, 언젠가 케플러가 자신의 경쟁자가 될 것임을 알아챈 티코는 케플러에게 화성 관측 자료를 매우 조금씩만 제공했다. 심지어는 케플러가 우르수스의 끄나풀이 아닌지를 끊임없이 의심했다. 케플러가 온갖 어려움을 참아 가며 정규직으로 정착하기까지는 티코와의 몇 차례 심한 싸움을 더 거쳐야 했다.

그런데 그러한 일이 있은 지 몇 달이 지나지 않은 1601년 10월 24일에 티코가 돌연 세상을 떠나고 말았다.• 이 갑작스런 죽음으로 케플러는 티코가 평생 동안 관측했던 엄청나고 방대한 관측 자료들을 고스란히 넘겨받게 되었다. 특히 티코의 화성 관측 자료는 그 당시로써는 가장 정확한 것으로, 티코가 살아 있었다면 결코 케플러가 접근할 수 없는 자료였다. 케플러는 바로 이 화성의 관측 자료를 두고 수학적으로 계산하는 일에 매달렸다. 그가 '화성과의 전투'라고 불렀던 이 계산 작업에는 5년의 시간이 소요되었다.

그런데 놀라운 일이 생겼다. 티코의 데이터로 얻은 결론은 화성의 궤도가 원이 아니라 약간 찌그러진 원, 즉 타원이라는 사실이었다. 처

• 티코 브라헤는 어느 날 만찬회에서 와인을 지나치게 마셨는데, 예의를 지키느라 화장실을 가지 않고 참았다고 한다. 집에 돌아온 그는 이내 발작적인 흥분 상태에 빠졌다. 자신이 곧 죽을 것을 알았던 티코는 "내 삶이 헛되지 않게 하소서. 내가 헛된 삶을 살았다고 하지 않게 하소서!"하는 독백을 되풀이하더니 어이없이 죽고 말았다.

음에 케플러는 자신의 계산을 의심했다. 하지만 다시금 계산을 시도하여 종국에는 행성들이 운행하는 궤도가 원이 아니라 타원이라는 획기적인 사실을 발견하기에 이르렀다. 참으로 위대한 발견이 이루어진 것이다.•

오늘날 도시 프라하에는 크고 작은 박물관이 20여 개가 넘는다. 케플러 박물관 이외에도 케플러의 흔적을 보여 주는 곳으로 국립 테크니컬 박물관National Technical Museum이 있다. 이곳 역시 천문학자이자 점성술사로 한 시대를 풍미했던 케플러의 과학적 면모를 잘 보여 주는데, 특히 2009년에 기획되었던 '프라하에서의 케플러Kepler in Prague' 특별 전시회는 1600년부터 1612년까지 케플러의 인생에서 가장 중요하고도 가장 생산적인 시기를 집중적으로 조망했다. 케플러는 프라하에 머물면서 행성 운동의 두 가지 중요한 법칙을 발견했으며, 5년 동안 매일 찰스브리지를 건너 프라하 성을 오고가며 천문학 자료를 수학적으로 계산했다. 그리고 1604년에는 초신성을 관측했다.

1611년에 그는 눈송이가 육각형임을 설명하는 다소 생소한 소규모 연구를 수행하기도 했다. 그가 「육각형 눈송이에 관하여」라는 소논문을 집필한 것은 영국의 토머스 해리엇이 상사의 요청으로 포탄 무더기가 쌓인 모양을 보고 포탄의 개수를 알아낼 수 있는 공식을 만들

• 천문학 혁명은 코페르니쿠스와 티코 브라헤 그리고 케플러라는 3명의 위대한 천문학자에 의해 시작되고 발전했으며 종결되었다. 주된 내용은 우주의 중심이 '지구'가 아니라 '태양'이라는 사실과 행성들이 운행되는 궤도가 '원'이 아니라 '타원'이라는 사실이다. 이들 중에서 가장 혁명적인 인물은 케플러라고 할 수 있는데 이는 이들의 직업 때문이다. 코페르니쿠스는 신부였고, 티코 브라헤는 왕실 천문학자였으며, 케플러는 쫓겨다니던 가난한 신교도였던 것이다.

다가 당시 최고의 수학자로 명성을 날리던 케플러에게 도움을 청했기 때문이다. 케플러는 가장 밀도가 높게 구를 쌓는 방법은 시장 상인들이 과일을 쌓을 때처럼 육방 밀집 쌓기를 하는 것이라고 결론을 내렸다.

'프라하에서의 케플러' 특별전은 케플러뿐만 아니라 근대 세계를 열었던 5명의 과학자인 코페르니쿠스, 티코 브라헤, 갈릴레오, 뉴턴이 어떻게 우리의 삶을 혁신적으로 변화시켰는가도 보여 주었다. 여러 과학박물관이 공동으로 기획하고 전시물들을 모아 준비했는데 스웨덴 히븐 섬에 위치한 티코 브라헤 박물관에서는 티코가 사용했던 각종 천문학 기구들과 자료를 전시하였고, 프라하 예술 아카데미도 역시 소장하던 천체 관련 전시품들을 선보였다.

이 특별전에서 흥미로운 전시물 중 하나는 케플러가 프라하에 머무는 12년 동안 내내 혼자서 고민하고 공부했던 달에 관한 여행을 다룬 책 『꿈The Dream: Somnium』이다. 이 책은 1608년에 출간되어 달에 관한 세계 최초의 SF 과학소설• 이라고 칭할 수 있다. 케플러가 책을 읽다가 잠이 들면서 꿈속에서 벌어진 내용을 엮은 것으로 티코의 제자가 초자연적인 힘을 얻어 달을 여행하게 되는 내용이다. 소설에서는 인간이 달에 가기 위해서 험난한 과정을 겪는데, 지독한 추위나 공기가 주는 저항 등을 어떻게 견딜 수 있는지를 흥미롭게 기술하고 있다.

또 소설 속에서 주인공의 어머니는 악마들과 어울려 지내다가 우주여행의 의미를 알게 되는데, 이러한 내용 때문에 케플러의 어머니

• 칼 세이건과 아이작 아시모프는 케플러의 「꿈」을 세계 최초의 SF소설이라 평가했다.

국립 테크니컬 박물관 내부 모습.

카타리나 케플러는 마녀로 의심받아 재판장에 끌려가기도 했다. 다행히도 나중에 무죄임이 밝혀져 그의 어머니는 풀려났다. 케플러는 꿈을 과학적으로 설명하기 위해서 무려 223개의 주석을 달았는데, 주석이 본문보다 분량이 훨씬 더 많았다고 한다.

국립 테크니컬 박물관은 특별전 이외에도 체코 공화국에서 전개된 과학기술의 역사를 한눈에 보여 주는 제법 규모가 큰 과학박물관이다. 1908년에 설립되었고 1941년 이후 지금까지 현재의 레나 공원 근처에 자리하였으며 모두 5개의 상설 전시관이 마련되어 있다. 건축에 관한 모든 것을 보여 주는 건축과 공학 및 디자인관이 가장 대표적이고 자동차·헬리콥터·비행기·오토바이 등 탈것에 관해 전시하는 교통의 역사관도 있다. 또 사진의 역사와 현재를 보여 주는 사진 전시관이 있으며, 인류 역사 진보에 필수적이었던 인쇄술의 역사를 보여주는 관도 있다.

특히 천체천문학관에는 지난 2005년에 아르헨티나에서 발견된 운석을 전시하고 있는데, 이 운석은 약 5,000년 전의 것으로 추정된다. 그리고 운석과 함께 티코와 케플러가 사용했던 각종 천체 관측 기구들도 전시되었다.

쫓겨나다시피 그라츠를 떠나 도시 프라하에 정착한 지 11년 만에 케플러는 세계 천문학계를 이끄는 정상급 과학자로 성장했다. 갖은 음모와 불편한 싸움을 견뎌내며 티코가 남긴 엄청난 자료에서 행성 운동의 3가지 법칙을 발견한 그는 이제 티코의 당당한 후계자가 되었다. 남은 인생은 편안하고 행복해 보였다. 하지만 그에게 시련은 아직도 끝나지 않았다. 강력한 후원자였던 루돌프 황제가 편집증과 정신착란으로 왕위를 계속 유지할 수 없었으며, 아내 바바라는 홍반열에 걸려 발작을 일으켰다. 아이들 셋은 모두 천연두에 걸렸고 결국 아들 하나를 잃고 말았다.

정치적 대변동과 종교적 불안 그리고 가정의 비극 등으로 더 이상 프라하에 머물 수 없게 된 케플러는 린츠로 향했다. 하지만 그곳에서도 오래 정착하지 못하였고 이후 여러 곳을 옮겨 다니면서 종교적 박해에 대항하다가 빈곤 속에서 세상을 떠났다. 케플러가 가장 화려했던 인생을 보냈던 도시 프라하를 방문하는 여행객들도 그 도시에서 인생의 가장 화려한 꿈을 꾸어 보면 어떨까 싶다.

| 제4장 |

파리 : 르 유니베르시앙세

예술·문화·과학이 합치되는
놀라운 상상력의 공간

아름답고 화려한 왕비 마리 앙투아네트가 배고픈 군중을 향해 "빵이 없으면 케이크를 먹으라."고 했다던 프랑스의 파리는 많은 사람들에게 향수와 패션, 와인과 요리의 도시로 유명하다. 하지만 실제 18세기의 파리는 유럽에서 학문과 과학의 최고 중심지였다. 아이러니하게도 정치적으로 가장 격동기였던 이 시기 동안 프랑스에서는 과학의 기초

파리의 명물, 에펠탑.

가 되는 대규모 연구가 진행되었으며, 특히 '산소'라는 기체의 발견으로 화학 분야에서 혁명이 일어나고 있었다. 1666년에 루이 14세가 콜베르 수상의 제안을 받아들여 조직한 '왕립 과학 아카데미'는 국가 차원의 강력한 지원을 받았다. 소수의 정예 과학자들은 월급과 함께 탄탄한 지위를 보장받았으며, 유럽의 가장 뛰어난 과학자들도 회원으로 초빙되었다. 국가의 경제적 지원도 아끼지 않은 덕분에 남아프리카로 대탐사를 떠날 수 있었고, 역사상 처음으로 1m의 길이에 대한 표준이 정해질 수 있었다.

파리를 뒤엎었던 프랑스 대혁명의 원인은 지독한 신분 사회에 기초한 경제적 불평등이었다. 루이 16세 재임 기간 동안에 있었던 일련의 전쟁으로 국가 재정은 파탄이 났고, 민중에게는 과한 세금이 부과되었으며, 1778년 이래로는 흉작이 계속되었다. 특히 지역마다 무게를 재거나 길이를 재는 도량형의 기준이 달라 민중들의 삶은 더욱 피폐해졌고 원성은 높아 갔다. 도량형의 통일이 무엇보다 시급한 과제였는데, 혁명정부의 정치가 탈레랑은 "미래에도 영원히 바뀌지 않는 것을 기초로 해서 만들자."고 제안하기에 이르렀다.

"북극에서 남극까지 지구 자오선의 길이를 재고 그것의 2,000만분의 1을 1미터로 정하자."

이러한 취지하에 1791년부터 무려 6년간의 대탐사가 진행되었다. 유명한 천문학자인 장 밥티스트 들랑브르와 메생은 당대의 최신 과학 기구를 마차에 싣고 각각 파리의 북쪽과 남쪽으로 길을 떠났다. 길을 떠나는 이들에게 화학자 라부아지에는 "모든 힘이 완전히 다 소진될 때까지 임무를 다해야 한다."는 충고를 던졌다고 한다.

혁명의 전야였던 당시에 두 사람은 가는 곳마다 사람들의 의심스러운 눈길을 받았다고 한다. 정체를 알 수 없는 이상한 도구들을 짊어지고 산이나 종탑에 올라가서 주위를 관찰하며 기록한 이들은 때때로 감옥에 갇혔고 부상도 당했으며, 심지어는 목숨을 잃을 뻔하기도 했다. 이들이 1798년에 무사히 임무를 마치고 파리로 돌아와 그 결과를 국제위원회Internationa Commission에 제출한 결과가 바로 1799년의 '미터원기'• 다.

과학기술에 우호적인 프랑스의 전통 속에서 태어난 곳이 바로 에콜 폴리테크닉École Polytechnique•• 이었고, '엔지니어engineer'라는 용어도 처음 등장했다. 프랑스가 세계 최초의 초음속 비행기인 '콩코드'를 개발한 나라이자 청정 원자력의 나라이면서 시속 500km로 평원을 거침없이 달리는 TGV떼제베의 나라가 된 것은 결코 우연이 아니다. 이것이 가능할 수 있었던 것은 프랑스가 문화 예술 활동 후원을 의미하는 '메세나'를 과학 분야에도 폭넓게 적용하고 있기 때문이다. 프랑스 정부는 과학 학술 연구를 후원하고 각 기관 및 재단에서 시행하는 메세나에 대해 세금 감면 등의 조세특혜를 주고 있으며, 기업의 과학 연구 메세나 활동에는 '연구 재단'이라는 특별한 법적 지위를 부여하여 보호해 주고 있다.

• 1m의 길이는 1793년에는 남북극과 적도 사이의 거리의 1/1,000만로 정해졌지만, 1983년부터는 진공에서 빛이 1/299,792,458초 동안 진행한 거리를 기준으로 정했다.

•• 프랑스 최고의 공학 계열 그랑제콜(grande École)중 하나로 나폴레옹이 국가의 고위 기술 관료를 양성하기 위해 만들었다. 소수 정예를 선발하는 에콜 폴리테크닉은 프랑스 국방부의 감독하에 운영되면서 입학과 동시에 공무원 신분이 되어 졸업 후에는 정부의 고위 기술 관료로 임용된다.

국립 기술 공예 박물관의 모습.

파리에 위치한 '국립 기술 공예 박물관'은 잘 알려지지 않았지만 사실상 세계에서 가장 오래된 과학과 산업 기술 관련 박물관이다. 그레고아 수도사가 당시 신기술 제품을 일반 대중에게 소개할 목적으로 성당 내부에 마련한 이곳은 18세기 이전부터 만들어진 과학 기구와 각종 발명품 및 특허품들을 모아 전시하고 있다. 이곳 자전거 전시관은 체인도 없이 그냥 언덕에서 아래로 굴러만 가는 것에서 시작된 자전거가 기술 개발을 통해 어떻게 진화했는가를 한눈에 보여 준다.

여기에서 '공예arts'라는 용어는 과학과 좀 동떨어져 보이지만 사실은 18~19세기의 역사적 상황을 고스란히 반영하고 있다. 기술techne과 예술art은 사실상 그리스 시대에 동일한 기원에서 출발했으며, 당시 공예는 기술과 예술의 경계를 포괄하여 수작업을 통해 얻어진 모든 산물을 의미했다. 이런 의미에서 보면 당시 새롭게 제작되었던 실험 기구나 각종 기계 발명품들은 모두 장인 정신이 발휘된 뛰어난 공예 제품이었고, 정교한 시계나 화려한 외양으로 장식된 망원경에서는 고가의 예술품에서 볼 수 있는 아름다움이 느껴졌다.•

국립 기술 공예 박물관에는 측정 도구, 통신기기, 건축 기계, 교통수단 등 7개 분야에 걸쳐 3,000개가 넘는 발명품들이 전시되어 있다. 특별한 전시물로는 18세기 화학 혁명을 완성한 라부아지에가 사용했던 다양한 과학 기구들을 전시한 '라부아지에 실험실'이다. 파리를 대표하는 최고의 과학자로서 프랑스 대혁명기 때 단두대•• 에서 비참하게 생을 마감했던 라부아지에는 원래 세금징수원이었다.

부유한 집안에서 태어나 법과 대학을 졸업하고 법률가로 일하던 그는 자신의 집에 별도의 실험실을 구비하고 왕성한 화학 실험을 수행했다. 하지만 당시는 무거운 세금폭탄 때문에 세금징수원에 대한 반감이 극에 달했고, 또 혁명에 적극 가담했던 화학자 마라Jean Paul Marat와 개인적으로 원한 관계에 놓이면서 그의 삶은 힘들어졌다. 뒤늦게 그의 죽음을 접한 프랑스 수학자 라그랑주Joseph Louis Lagrange는 "그의 머리를 베는 데는 한순간이면 충분하지만, 그와 같은 두뇌를 길러 내는 데는 100년이 더 걸릴 것."이라며 몹시 한탄스러워했다.

• 이러한 이유로 1853년에 설립되었던 영국 최초의 과학기술 담당 정부 부처의 명칭은 과학기예부(Department of Science and Arts)였다.

•• 1789년에 프랑스 혁명이 시작될 무렵, 진보 성향의 의사 기요탱은 프랑스 처형 제도인 참수형의 문제점을 지적하면서 모든 사형수를 기계로 처형할 것을 제안했다. 사형 집행 기구인 단두대, 길로틴 은 그의 이름에서 연유했으며 1981년까지 프랑스에서 사용되었다

라부아지에의 실험실.

라부아지에는 18세기에 출현한 기체화학자이자 전형적인 실험 과학자였다. 그는 28세 때 15살이나 어린 마리 라부아지에• 와 결혼했는데, 그녀는 13세 때부터 라부아지에 곁에서 실험을 돕기도 하고 책에 들어갈 그림과 삽화를 그려 주기도 했다. 제일 중요한 도움으로는 프리스틀리의 책을 불어로 번역하여 라부아지에에게 최신의 과학 정보를 제공했다. 실험 조교와 개인 비서의 역할을 톡톡히 한 것이었다. 그 결과 라부아지에는 인류 역사상 처음으로 '산소'를 발견하는 명예를 안게 되었고, 산소를 중심으로 기체들의 새로운 명명법을 제시함으

• 나중에 마리 라부아지에는 정치가이자 군인이며 과학자이자 세기의 풍운아처럼 세상을 살다간 럼포드 백작과 재혼하여 과학에 대한 열정을 이어 갔다.

로써 화학 혁명을 완성하게 되었다.

그런데 여기서 흥미로운 사실은 유럽의 서로 다른 나라에서 활동하던 3명의 과학자가 거의 동시에 산소를 발견했다는 점이다. 과학사학자들은 이것을 두고 '시기가 무르익었다'라면서 과학적 발견이라는 것이 고립된 과학자의 천재성에서 나오는 것이 아니라 사회문화적인 여건, 더 정확하게는 당시 화학 연구에서의 최신 흐름 등에 대한 폭넓은 이해와 연관됨을 언급한다.

스웨덴의 셸레Karl Wilhelm Scheele는 비록 그 기체의 이름을 산소라고 부르지는 않았지만, 산소로 불리게 되는 기체를 맨 처음 발견하여 발표한 과학자였다. 그리고 영국의 프리스틀리는 그것을 '탈플로지스톤 공기'라는 이름으로 불렀다. 플로지스톤이란 물질이 연소하거나 금속이 녹스는 현상을 설명하기 위해서 17세기 말에서 18세기 초에 독일의 베허Becher, J.J와 슈탈Georg Ernst Stahl 등이 제안한 물질이다. 이것은 가연성이 있는 물질이나 금속에 포함되어 있다가 연소 시에 발생되는 것이라고 주장했다.

프리스틀리는 수은을 가열하여 붉은색의 산화수은을 얻고 밀폐된 수은 수조에 넣어 햇빛을 렌즈에 모아 가열시키면 산화수은이 수은이 되고 공기의 부피가 증가하는데, 이때 증가된 물질을 탈플로지스톤 공기라고 불렀다. 그는 연소 시 관여하는 기체가 산소라는 것을 발견했음에도 그것을 다른 이름으로 불렀던 것이다.

하지만 라부아지에는 그 기체를 맨 처음으로 산소라는 이름으로 불렀다. 그런데 여기서 상황이 복잡해지는 이유는 라부아지에가 자신이 발견한 기체를 산소로 확신하게 된 데는 당시 파리를 방문한 프리스틀리와의 대화를 통해서였다는 점이다.* 하지만 역사는 라부아지에에게 산소의 발견자라는 명예를 부여하고 있다.**

라부아지에는 산소라는 기체를 새롭게 명명하였을 뿐만 아니라 원소의 이름을 산소, 질소, 수소, 탄소 등으로 정하고 그런 다음 화합물의 이름이 그 자체로써 화합물의 구성 성분을 나타낼 수 있도록 정의했다. 예를 들어 탄산염 속에 들어 있다가 고정되어 있다가 가열하면 빠져나온다는 기체여서 '고정된 공기'라고 불렸던 기체는 '산화탄소'라는 이름을 얻었다. 이 이름 덕분에 이 기체가 탄소와 산소의 화합물임을 분명히 보여 줄 수 있게 되었다. 이것은 대단히 혁명적인 일이었다. 기체가 체계적인 틀 안에서 정리되기 시작한 것이다.

라부아지에가 이 혁명적인 일을 할 수 있었던 것은 그가 '실험'이라는 과학적 방법을 사용했기 때문이다. 그는 연소 현상에서 일어나는 질량 변화를 정확히 측정하기 위해 당대에 가장 정밀한 천칭을 만들었고, 실험 전후의 모든 실험 기구와 내용물의 질량을 정밀하게 측정했다. 수은을 가열하여 수은의 금속재 오늘날의 산화수은 를 만드는 연소 반응 동안에 발생하거나 소모되는 기체의 모든 양을 정확히 측정한 그

* 라부아지에는 연소의 생성물이 대부분 산의 성질을 갖는다는 점에서 '산'을 뜻하는 그리스 어 oxy 와 '만들어 냄'을 뜻하는 라틴 어 genium 을 합성하여, 산소 oxygen 라고 불렀다.

** 이 흥미로운 동시 발견의 사례를 두고 제작된 대표적인 과학 연극이 바로 〈산소〉다. 노벨상 수상자인 칼 쥐라시 박사가 주도한 이 연극은 우리나라에서도 몇 차례 공연된 적이 있다. 연극은 '만약 노벨과학상이 1901년으로부터 100년 혹은 그 이전에 제정되었다면, 과연 누가 수상자가 될 수 있을까?'라는 질문으로 시작된다. 무대의 배경은 2001년 스웨덴 왕립 과학 아카데미로 아카데미 위원들은 노벨상 제정 이전에 인류에게 혁혁한 공을 세운 과학자에게 '제1회 거꾸로-노벨과학상'을 수여하자고 의견을 모은다. 그 주인공을 산소의 발견자에게 주자고 동의한다. 세 명의 과학자와 그들의 부인 사이에 얽힌 이야기가 흥미롭게 전개된다.

는 반응 전후의 질량에는 변화가 없다는 새로운 사실을 알게 되었다. 이로부터 그는 정확한 정량적 방법을 통해 반응에 참여하는 물질의 무게의 합은 생성된 물질의 무게의 합과 같다는 '질량 보존의 법칙'을 제시하게 되었다.

또 다른 대표적인 전시물로는 바로 '푸코의 진자'• 가 있다. 「물리학 세계」 지에 '결정적 순간Critical Point'이라는 칼럼을 쓰는 로버트 크리즈 박사가 세상에서 가장 아름다운 물리학 실험 10가지 중 하나로 꼽은 푸코의 진자 실험 장치의 원본인 것이다. 일반적으로 진자에 작용하는 힘은 중력과 실의 장력뿐이므로 일정한 진동면을 유지해야 하지만, 진자를 장시간 진동시키면 자전 방향의 반대로 돌게 된다. 이는 지면이 회전하는, 다시 말해 지구가 자전하는 것을 입증하는 것인데 프랑스 과학자 레옹 푸코Jean Bernard Lèon Foucault•• 는 실험을 통해 지구가 자전하고 있다는 것을 증명해 냈다.

사실 진자를 흔들면 그 진자의 진동면이 회전한다는 것은 당시의 많은 과학자들도 알고 있었다. 그러나 푸코는 이를 지구가 자전한다는 증거로 활용한 최초의 과학자였다. 오늘날에도 우리는 지구가 자전한다는 사실을 교과서를 통해 배워서 누구나 알고 있다. 하지만 지구 밖

• 『푸코의 추』는 『장미의 이름』으로 유명한 기호학자이자 철학자이면서 역사학자인 움베르토 에코의 두 번째 소설이다. 출간 당시 독자와 평단으로부터 최고의 찬사를 받았으나, 교황청으로부터는 신성 모독으로 가득 찬 쓰레기라는 엇갈린 평가를 받았다. 팡테온에 있는 푸코의 진자가 중요한 상징으로 등장한다.

•• 어렸을 적 푸코는 학교에 적응하지 못했고 공부도 잘하지 못했다. 그의 친구는 "그의 어떤 부분도 그가 미래에 유명해질 거라고 말해 주지 않았다. 몸은 약했고, 겁 많고 마음이 좁았다. 별로 없어 보이는 소질과 느린 일처리 능력은 그가 더 이상 대학에 다닐 수 없게 만들었다. 그의 어머니는 다행히도 가정교사를 알아봐 주셨고, 그때서야 그는 제대로 공부할 수 있었다."고 회고했다.

에서 살펴보지 않는 한 지구가 움직이고 있다는 것을 확인할 수는 없는데 바로 그것을 푸코가 밝혀낸 것이다.

1851년에 과학자 푸코는 "파리 천문대 중앙홀로 오셔서 지구가 회전하는 광경을 목격하시기 바랍니다."라며 사람들을 불러 모아 지구의 자전을 증명했다. 이 소식을 전해 들은 나폴레옹의 조카이자 나중에 나폴레옹 3세가 되는 보나파르트 왕자는 그에게 팡테옹* 에서 진자 실험을 다시 해 보도록 지시했다. 푸코는 팡테옹의 돔 중앙에 길이 67m나 되는 긴 쇠줄을 매달고 포탄만 한 28kg의 추를 달아 진자 실험을 감행했다. 시대의 놀라운 볼거리가 마련된 것이다. 바닥에는 모래 둑을 쌓아 진자 아래쪽의 뾰족한 부분이 왔다 갔다 하면서 모래에 자국을 남기도록 했는데, 대여섯 시간 동안 진자는 시계 방향으로 60도에서 70도가량 움직인 흔적이 남았다. 지구가 회전함을 증명해 보인 희대의 멋진 실험이었다. 지금도 파리 팡테옹에 가면 중앙 홀에서 진자가 움직이면서 커다란 원 주위에 놓인 작은 인형들을 넘어뜨리는 것을 볼 수 있다.**

이밖에도 국립 기술 공예 박물관에는 1799년 만들어진 세계 최초의 전지, 볼타전지가 전시되어 있다. 볼타전지는 화학전지의 가장 기본이 되는 전지로, 작은 원판 모양의 은판과 아연판을 사이에 두고 소

---

* 팡테옹은 파리의 핵심적인 신고전주의 건축물로 계몽주의 건축의 훌륭한 예다. 원래는 루이 15세가 생 주느비에브 성당으로 지은 건물이지만 저명한 예술가와 정치인의 묘로 유명하다. 이곳에 묻힌 인물들로는 미라보, 볼테르, 루소, 위고, 졸라, 퀴리, 말로 등이 있다.

** 이것은 원래 푸코가 제작한 것이 아니라 중간에 부서진 것을 완벽하게 재현한 복제품이다. 푸코가 실험에 사용했던 바로 그 진자는 국립 기술 공예 박물관에 전시되어 있다.

국립 기술 공예 박물관 내부.

금물을 적신 판지를 번갈아 겹겹이 쌓아 만들어 맨 위와 아래를 전선으로 연결한 것이다. 이때 은판이 +극이 되고 아연판이 -극이 되며 소금물이 전해질로 작용하여 전류가 생긴다.

또 이곳에는 1642년에 파스칼Blaise Pascal이 세계 최초로 만든 계산기도 전시되어 있다. 12세 때 유클리드의 기하학에 몰두했을 정도로 수학에 뛰어났던 파스칼은 오트노르망디의 세금을 재분배하는 일을 도맡았던 아버지를 돕게 되면서 계산 기계를 생각하게 되었다고 한다. 이 기계는 처음에는 산술 기계 또는 파스칼의 계산기라고 불리다가 나중에 파스칼린Pascaline이라고 불리게 되었는데, 덧셈과 뺄셈을 할 수 있었고 반복을 통해서 곱셈과 나눗셈도 할 수 있었다.

파스칼의 기계가 세금을 계산하기 위한 실용적 목적을 내포하고 있듯 프랑스 역사, 특히 프랑스 대혁명이 발생한 18세기에 저울이나 자와 같은 도량형은 매우 중요한 사회적 이슈였다. 이곳에는 각국마다 도량형이 어떻게 달랐는지를 비교할 수 있도록 중국·독일·영국·터키·이집트 등의 물건들이 함께 전시되어 있다.

또 하나 1986년에 개관한 라 빌레트 과학산업관Cite de Science et de Industries은 파리라는 도시를 기억할 수 있게 하는 훌륭한 공간이다. '다양한 방식으로 만들어진 전시물과 즐거운 체험 그리고 체계적인 과학기술의 원리에 대한 이해'를 도모하기 위해 개관된 이곳은 1974년에 제20대 지스카르 데스탱 대통령이 프랑스 혁명 200주년을 기념하기 위해 기획하고 추진한 랜드마크적인 대규모 건축물 중 하나다.• 파리 외곽의 낡고 방치되었던 가축 도살장을 과학박물관으로 리노베이션한 이곳은 원래는 빈민가였다. 건축가 베르나르 추미Bernard Tschumi는 이곳을 자연과 만나는 휴식 공간이자 과학과 음악의 이벤트가 열리는 교류의 공간이면서 상상력과 미래를 생각하는 공간으로 기획했다고 말했다.

유리와 콘크리트, 강철로 외장을 꾸민 라 빌레트 과학산업관은 우주와 물, 빛을 표현하고 있다. 지하에는 지중해에 서식하는 50여 종의 물고기가 헤엄치는 작은 수족관이 있으며, 3~5세 어린이가 만지고 느끼면서 호기심을 키울 수 있는 어린이 전용관 '라 시테 드 앙팡아이들의 도시'이 마련되어 있다. 전시관에 들어서면 제일 먼저 형형색색의 색깔에 매료되는데, 마치 페인팅 등의 아트 전시관에 들어선 착각을 불러일으킨다. 2층과 3층의 전시장에는 우리나라도 참여한 ITER국제열핵융

• 또 하나 파리의 대표적 건축물로는 1900년 만국박람회 때 지었다가 몽파르나스 역이 생기면서 흉물로 방치된 기차역을 개조하여 개관한 오르세 미술관이 있다.

라 빌레트 과학산업관의 구체 극장, 라 제오드.

합 실험로• 의 연구 성과 등 프랑스의 대표적인 기초과학 성과를 전시하는 물리학 분야와 우주과학 분야의 전시장이 마련되어 있다.

라 빌레트가 갖는 가장 중요한 특징은 고정된 내용으로 전시하고 운영하는 것을 거부한다는 것이다. 이곳에서는 매달 혹은 특정한 주기를 정해 수없이 많은 특별전이 기획되는데 주로 에너지, 식량, 질병, 물 등과 같은 지구와 인류가 현재 안고 있는 이슈를 다루고 있다. 이곳 전시의 특징은 흥미와 과학 그리고 예술이라는 3가지 요소를 갖추고 있다는 것이다. 예를 들어, 물을 주제로 한 특별전의 경우에는 물의 중

• 1980년대 후반부터 국제원자력기구(IAEA)의 지원하에 미국, 유럽연합, 일본, 러시아의 공동 협력 과제로 진행되고 있는 핵융합 에너지 연구 프로젝트다. 연구소는 프랑스 남부에 위치한다.

요성을 과학적 정보를 통해 알려 주기도 하지만, 컵에 탄산수를 부을 때 생기는 물방울의 기포를 소재로 찍은 예술 사진들을 함께 보여 준다. 자연스럽게 전시를 보면서 사람들은 물의 중요성, 물 자원을 보존하려는 노력, 가정에서의 실천 등 다양한 측면을 느끼게 된다. 태양을 주제로 한 특별전, 우주여행에 관한 전시회, 날씨 변화를 주제로 한 기후변화 특별전은 라 빌레트가 세계의 다른 과학관들과 차별되게 기획하고 순회하는 전시들이다. 이들은 과학이 우리 사회 속에서 수행하는 다양한 역할을 잘 보여 준다.

도시 파리의 정신을 만날 수 있는 세 번째 과학박물관은 2010년 라 빌레트와 함께 '유니베르시앙세universcience'라는 이름하에 통합된 '발견의 궁전Palais de la dècouverte'이다. 프랑스 최초의 여성 우주인이 관장으로 재임하고 있어* 그 인기가 높은 이곳은 노벨물리학상 수상자인 장 페렝Jean Baptiste Perrin, 1870~1942이 1937년에 파리 엑스포 기간 동안에 개최했던 '발견의 궁전'이라는 임시 전시회에 그 기원을 두고 있다. 페렝은 "시민에게 과학 쇼를 보여 주고, 실험실을 공개함으로써 과학적 발견의 순간을 목격하도록 하겠다."고 선언하면서 실험을 통한 과학 대중화에 앞장섰던 인물이다. 이 전시회는 다음 해에 그랑 빨레Grand Palais** 의 서쪽 건물에서 계속되다가 지금까지 이어졌다. 이곳의 가장 큰 특징은 수학·물리학·천문학·화학·지질학·생물학 등 주로

---

* 프랑스의 유니베르시앙세와 일본의 미라이칸은 최초의 우주인을 각각 관장으로 임명하여 과학 대중화에 앞장서고 있다.

** 에펠탑이 1889년 파리 엑스포 때 등장한 것처럼 그랑 빨레는 1900년 파리 엑스포 개최를 위한 전시 공간으로 마련되었다.

발견의 궁전.

기초과학의 원리가 전시된다는 것과 각 코너에서 데몬스트레이션 쇼와 설명이 진행된다는 점이다. 특히 과학을 전공한 이공계 박사급 인력들이 사이언스 미디에이터science mediateur로 활동하고 있다. 이곳에서는 학급별로 방문한 학생들이 재미있는 실험도 하고 토론도 주고받으며 생생한 과학 교육을 경험할 수 있다.

'31개의 보물을 찾아보세요', '뭐든지 만져 보세요!'를 캐치프레이즈로 내걸고 있는 이곳에는 유명한 파이의 방이 있다. 파이의 값은 대부분의 사람들이 3.14로 간략하게 기억하고 있지만 실제로는 소수점 이하 숫자가 704개나 이어진다. 그리고 이 방에선 그 파이 값의 비밀을 체험할 수 있으며, 빛에 관한 모든 것을 체험할 수 있는 광학의 방도 마련되어 있다. 아이작 뉴턴이 프리즘을 사용하여 빛의 본성을 발견했던 실험을 재현하는 코너와 함께 프랑스의 물리학자 프레넬이 직접 제작한 프레넬의 렌즈가 전시되어 있다. 영국의 뉴턴이 프리즘을 사용하여 빛이 더 이상 분해되지 않는 단색광의 혼합임을 밝혀냈고 또 빛의 입자성을 주장하였다. 반면에 프랑스의 프레넬은 빛의 파동성에 큰 공헌을 했다. 빛이 파동이냐 입자냐에 관한 논쟁은 한 세기 동안 프랑스와 영국을 중심으로 전개되었고 영국에서는 빛의 입자성을 인정하고, 반면에 프랑스를 비롯한 유럽 대륙에서는 빛의 파동성을 널리 인정하는 것으로 일단락되었다. 이 논쟁은 결국 1905년에 아인슈타인이 광양자설을 내놓으면서 빛이 입자이면서 동시에 파동이라는 이중적 특성을 가지고 있음으로 결론지어졌다.

오늘날 세계적 디자이너들이 앞다투어 혁신적인 디자인을 선보이는 도시, 한동안 와인 소비량이 급감하여 레드와인이 심장병 예방에 좋다며 와인 마시기를 적극 권장하던 도시, 나이 지긋한 할머니들도 빨간색 립스틱을 애용하는 도시, 그 도시가 바로 파리다. 이제 이 도시를 방문하거든 국립 기술 공예 박물관과 라 빌레트 그리고 발견의 궁전에 남아 있는 과학자들의 흔적을 경험해 보길 권한다.

| 제5장 |

런던 : 전시회 거리

과학의 시대를 선포하며
세계 최초의 엑스포가 열린 그곳

세계인들의 관심을 듬뿍 받는 여왕의 나라. 영국을 방문하는 관광객들의 필수 코스 중 하나는 런던의 녹색 심장인 하이드파크 남쪽에 위치한 '전시회 거리The Exhibition Road'다. 거리 이름에서 알 수 있듯이 이 거리에는 그야말로 다양한 볼거리를 제공하는 박물관들이 즐비해 있다. '해가 지지 않는 나라인 영국을 건설하고 유지했던' 빅토리아 여왕이 너무나도 사랑했던 남편 앨버트 공을 기억하기 위해 이름 붙여진 빅토리아와 앨버트 박물관Victoria & Albert Museum과 자연사박물관Natural History Museum 그리고 과학박물관Science Museum of London도 자리하고 있다.

빅토리아와 앨버트 박물관에는 예술art과 기술techne의 경계를 넘나드는 화려한 산업적 예술품과 공예품들이 전시되어 있고, 화려한 로마네스크 양식의 외벽을 자랑하는 자연사박물관에는 공룡 시대부터 오늘날까지 이어지는 지구의 역사와 현재 그리고 미래를 다양한 동식물의 표본과 함께 보여 준다. 그 건너편에 자리한 과학박물관은 증기엔진과 산업혁명 그리고 그 이후 급속하게 전개된 첨단 과학기술의 역사를 시대정신과 함께 보여 준다. 또한 성인만을 위한 공간이자 전시물이 없는 과학박물관을 표방하는 다나 센터Dana Center도 있다.

전시회 거리.

19세기 중반까지도 하이드파크 남쪽인 사우스켄싱톤 지역은 아무것도 없는 초지였다. 이곳이 세계 과학 문화의 메카가 될 수 있었던 것은 1851년에 개최되었던 세계 최초의 엑스포 덕분이다. 18세기 말에 역사상 처음으로 산업혁명을 경험하면서 '세계의 공장'으로 불렸던 영국은 점차 프랑스나 독일 등에 뒤쳐질지 모른다는 불안감을 느끼게 되었다. 일부 지식인들 사이에서 '영국 과학 쇠퇴론'•이 확산되면서 과학기술 부흥 운동을 전개하자는 목소리가 제기되었고, 급기야 독일인인 앨버트 공이 전면에 나섰다. 여왕의 남편임에도 불구하고 현실

• 영국 과학 쇠퇴론은 1830년대부터 찰스 배비지가 중심이 되어 제기한 것으로, 곧 영국이 산업혁명의 주도권을 프랑스에 빼앗길 것이라는 위기를 주장했다. 이러한 주장 뒤에는 과학자들이 안정적인 지위를 확보하려는 의도가 숨어 있었다.

빅토리아와 앨버트 박물관 내부 모습.

정치에서 소외된 앨버트 공은 주로 사냥으로 시간을 보냈으며 과학 발전에 특별한 애정을 보였다. 런던에서 개최되었던 세계 최초의 엑스포는 바로 과학에 대한 그의 열정과 정치적 소외감 그리고 과학자들의 위기론이 어울려 만들어낸 합작품이다.

엑스포 개최를 위해서는 엄청난 규모의 자금이 필요했고 이러한 자금은 여왕과 귀족들의 기부와 후원을 통해 마련되었다. 세계 최초로 유리와 철근으로만 지어진 조립식 건물을 자랑하는 크리스털 팰리스 crystal palace• 는 그 이름에 걸맞게 하이드파크 숲 속에서 수정처럼 빛났다. 안타깝게도 화재로 인해 소실되었지만 세계 건축사에 남은 크리스

• 크리스털 팰리스 설계자인 팍스톤은 난초 잎에서 힌트를 얻은 온실형 건물을 처음으로 제작한 경험이 있었다.

털 팰리스는 영국의 대표 건축물이 되었고, 영국 전역은 물론 프랑스와 유럽에서 수없이 많은 인파가 몰려들었다. 그 결과 20만 파운드라는 막대한 이익금이 생겼는데 이익금을 어떻게 사용할 것인가를 두고 1,000여 건의 계획이 논의되었다. 결국 앨버트 공의 의견을 받아들여 켄싱턴 고어 지역에 대규모 토지를 매입하기로 결정했고 이것이 오늘날 전시회 거리가 형성된 배경이다.

엑스포가 종료되면서 전시물들을 어떻게 처리할 것인가라는 또 다른 이슈가 생겨났다. 해외에서 온 전시품들 중 일부는 본국으로 돌려보냈지만 대부분의 전시품이 그대로 남았기 때문에 이를 위한 별도의 공간이 급하게 필요해졌다. 한때 '브롬튼 보일러Brompton Boiler'라고 불렸던 가건물은 이러한 목적을 위해 생겨난 것으로, 이 가건물 자리에 바로 오늘날의 런던 과학박물관이 탄생했다. 이는 마치 12세기 유럽에 대학이 생겨난 목적과 비슷하다. 십자군 전쟁을 치르면서 유럽에는 이슬람으로부터 서구의 학문과 지식이 많이 유입되었는데 당시의 대학은 이를 수용하기 위해 세워진 것이다. 이처럼 런던 과학박물관도 남겨진 전시물들을 보관하기 위한 목적으로 시작되었다.

지하 1층, 지상 6층의 전시 공간을 갖춘 런던 과학박물관에는 모두 30만 점에 달하는 소장품이 있다. 세계에서 가장 오래된 최고의 과학박물관이면서 동시에 체험형 과학 센터 기능도 갖추어 전시물의 보존과 연구, 체험과 교육이라는 주요 기능을 모두 수행한다. 21세기 들어 현대적 예술 감각으로 대대적인 리노베이션을 마친 런던 과학박물관은 크게 기초과학을 다루는 본관과 웰컴 트러스트 재단Welcome Trust이 지원하고 운영하는 의학 및 생명과학관인 웰컴 윙Welcome Wing관,

그리고 2003년에 개관한 다나 센터로 구성되어 있다.

이곳은 기본적으로 물리학, 화학, 수학 등 기초과학과 함께 우주 항공과 정보통신 등 기술공학을 다루고 있으며, 근대를 형성하는 힘인 증기 엔진 자동차도 실제로 만날 수 있다. 1813년에 탄광 철도의 레일 위를 달렸던 퍼핑빌리 기관차를 비롯하여 스티븐슨 공장에서 제작하여 이후 대다수 기관차의 원형으로 불리는 로켓 기관차 그리고 특허국장으로 재직하면서 기계 특허품을 열정적으로 수집했던 우드 크로프트가 소장하던 트레비딕 기관차 등이 전시되어 있으며, 제임스 와트와 뉴커먼의 엔진 설계도 등을 직접 볼 수 있다.

스코틀랜드 글래스고 대학교에서 과학 기구를 고치는 일을 담당했던 제임스 와트는 1759년의 어느 날, 같은 학교에 교수로 재직하던 친구로부터 뉴커먼 엔진 기관을 수리해 달라는 요청을 받았다. 뉴커먼 엔진 기관은 수증기의 열에너지를 기계에너지로 바꾸는 증기기관이

런던 과학박물관 전시물.

었는데 1705년에 토머스 뉴커먼이 발명하여 탄광에서 물을 퍼내는 용도 등으로 사용되었다. 사실 물이 끓을 때 생기는 증기가 동력이 될 수 있다는 발상은 멀리 알렉산드리아의 헤론까지 거슬러 올라가지만, 실제로 증기가 동력으로 사용 가능함을 보여 준 것은 18세기였다. 뉴커먼 엔진은 실린더 안의 수증기가 압축하고 팽창함에 따라서 피스톤이 왕복 운동함으로써 기계를 작동시키는 것으로, 특히 대기압만으로도 물을 빨아올리기 때문에 대기압 기관이라 불렸다.

수리를 의뢰받은 와트는 뉴커먼 엔진이 수리 후에도 제대로 작동되지 않자 아예 증기기관을 대폭 개량하기로 마음먹었다. 사실 뉴커먼 기관은 증기 압축을 위해 물이 한 번 분사될 때마다 실린더 전체가 냉각되기 때문에 열 손실이 많았을 뿐만 아니라 석탄 소모량도 많다는 현실적 문제점을 갖고 있었다. 와트는 고민 끝에 증기를 실린더 안이 아니라 실린더와 연결된 별도의 응축기에서 압축시켰으며, 피스톤을 대기압이 아니라 증기압력으로 움직이는 방식을 고안하기에 이르렀다. 또한 피스톤의 상하 운동 모두를 동력으로 활용할 수 있게 함으로써 응축기만 냉각되고 실린더의 열은 보존하여 효율성을 높였으며, 그 결과 석탄 소모량도 뉴커먼 기관에 비해 4분의 1 이하로 줄이는 혁신을 가져올 수 있었다. 물론 와트의 개량된 증기 엔진이 실제로 상용화되기까지는 이후에도 약 10여 년의 시간이 더 소요되었지만, 와트가 이룬 발상의 전환과 특허 덕분에 인류는 증기를 새로운 동력원으로 삼아 급속한 발전을 이룰 수 있었다.

과학박물관 2층에 마련된 '조지 3세 컬렉션'에는 18세기에 사용되었던 과학 기구와 19세기 영국의 뛰어난 과학자들이 제작하였던 수학 도구들이 전시되어 있다. 영국 왕들 중 남자로서는 제일 오랜 기간인 59년이나 재임한 조지 3세는 어렸을 적부터 약간의 정신 질환을 앓았다고 한다.• 대신 그는 과학 기구 등을 제작하고 모으는 일에 특별한 관심을 보였는데, 조지 왕이 직접 제작을 의뢰하거나 수집한 수학과 과학 관련 기구들은 원래 왕의 천문대가 있던 큐가든 천문대에 있었다. 그러나 19세기 중반에 천문대를 운영할 비용이 충분치 않자 빅토리아 여왕은 수집품을 모두 런던 대학교 킹스 칼리지에 기증했고, 1843년에 앨버트 공이 조지 3세 박물관을 정식 개관하게 되었으며, 1926년에는 오늘날처럼 런던 과학박물관 2층으로 완전히 이전되었다.

찰스 휘트스톤과 찰스 배비지는 대중에게는 잘 알려지지 않았지만 사실 놀라운 정보통신 기술의 발전을 이끈 핵심적인 인물들이다. 19세기는 사회적 필요에 의해 다양한 기계들이 그 어느 때보다도 혁신적이면서 빠르게 발전했던 시기이다. 런던을 무대로 활동했던 이들 덕분에 컴퓨터가 가능해졌고 전화가 가능해졌기 때문이다. 아이작 뉴턴의 뒤를 이어 케임브리지 대학교 루카시안 석좌 교수•• 이던 찰스 배비지는 수학자였지만 기계 발명에도 많은 관심을 기울였다. 그는 '프로그램이 가능한 컴퓨터' 개념을 처음으로 제시했으며, 기계로 작동하는 컴퓨터를 발명하여 '컴퓨터의 아버지'로 불린다.

• 영국의 빅토리아 여왕은 역사상 최장 기간인 64년을 재임했고 현재 엘리자베스 여왕은 61년째 재임 중이다.

•• 루카시안 석좌는 1663년부터 영국의 케임브리지 대학교에서 수학에 중요한 공헌을 한 교수에게 주어지는 일종의 명예직으로 헨리 루카스(Henry Lucas) 당시 하원의원이 만들었다고 전해진다. 뉴턴의 스승 배로우가 제1대 석좌 교수였고, 2대가 뉴턴, 11대가 배비지, 스티븐 호킹이 17대를 역임했다.

조지 3세 컬렉션 중 하나.

조지 3세 컬렉션은 주로 기계역학과 공기역학에 관련된 것이 많다. 1760년에 기구 제작자인 조지 애덤스George Adams에게 의뢰하여 제작한 것들로 그 화려함과 정교함이 아주 놀랍다. 이 기구들에는 왕의 수학자라는 호칭이 부여되었는데, 과학적 탐구보다는 왕실의 교육과 여흥을 위해 제작된 것들이다. 종을 쳐서 시간을 알리는 공중시계公衆時計로 영국에서 가장 오래된 시계는 1386년에 제작된 솔즈베리 대성당의 시계다. 그리고 과학박물관에는 25분마다 종을 울리는 웰스 대성당용 시계가 전시되어 있다. 17세기 후반부터는 시계에 분침을 사용하여 보다 정밀해진 개인용 시계가 보편화되었는데, 18세기 철학자들은 시계를 보면서 기계적 철학• 의 물질적 기초를 마련했다. 런던 대

• '기계적 철학'은 눈에 보이지 않는 미시적 물질 입자들의 작용과 운동을 통해서 거시적인 물리적 성질들을 설명하는 것으로 로버트 보일이 처음 사용했지만 데카르트, 가상디 같은 철학자들에 의해 주창되었다.

화재가 발생하기 전에는 런던을 한 번도 본 적이 없지만 웨스트민스터 아비에 안치되어 영원한 '런더너'로 남은 근대과학의 아버지 뉴턴조차 정교한 시계가 존재한다는 것은 곧 그것을 제작한 시계공의 존재를 말해 준다고 여겼다. 복잡한 우주가 작동하는 것은 그것을 창조한 조물주가 존재한다는 증거였던 셈이다.

과학박물관 4층과 5층에 위치한 웰컴 윙 관에는 웰컴 트러스트 재단이 제공한 의학 관련 자료와 생명과학 관련 과학 기구들이 전시되어 있다. 1853년 미국 서부에서 태어난 웰컴은 젊은 시절에 제약 회사를 창업하고 대부분의 약품이 가루나 액체이던 시절에 '타블로이드Tabloid'라는 이름의 알약을 판매하여 수익을 내기 시작했다. 나중에 영국에서 작위를 수여받은 그는 이익금으로 약품 개발을 위한 연구소를 세웠을 뿐만 아니라 의학 역사와 관련된 자료를 광범위하게 수집하기 시작했다. 1936년에 세상을 떠난 그는 자신의 소장품과 유산을 의학 발전을 위해 사용해 줄 것을 부탁했고, 그의 유언에 따라 설립된 웰컴 트러스트 재단은 당시 유럽의 어느 박물관보다 많았던 그의 소장품들을 런던 과학박물관으로 옮겨 웰컴 윙 관을 열었다. 세계 최대이자 최고의 웰컴 윙 관은 과학과 의학과 수의학의 역사를 한눈에 볼 수 있다. 흥미로운 것은 영국인 스미손이 미국으로 건너가 활동하면서 막대한 유산을 남겨 스미스소니언 재단과 박물관을 설립했듯이, 미국인 웰컴은 영국에 막대한 유산을 남겨 웰컴 생명과학관을 설립했다.

과학박물관을 나와 임페리얼 칼리지 근처로 돌아가면 19세 이상 성인만을 위한 과학박물관이 나타난다. '먹고 마시며, 과학에 대해 이야기하자eat, drink, and talk'는 모토의 사이언스 카페가 운영되는 다나 센터다. 어른만을 위한 논쟁적인 과학 이슈들을 다루되, 재미있고 급진적이며 오락적인 요소들을 과감하게 도입하고 있다. 이곳은 200년 이상의 전통을 자랑하는 영국 과학 진흥 협회• 와 런던 과학박물관, 그리고 민간 신경 과학 연구 기관인 '두뇌를 위한 유럽 다나 연합'의 지원으로 설립되었다. 평범한 수준의 과학 전시관이 아니라 과학 관련 이슈들을 토론하고 보여 주는 참여형 과학 공연장이라는 명칭이 더 적절한 이곳에서는 '줄기세포의 허와 실', '로봇과 인간의 경계', '60대의 남녀관계 가능한가?', 'DNA 테스팅 : 과학인지 사기인지?' 등의 이슈가 논의된다.

청장년들은 퇴근 후 친구끼리 혹은 연인끼리 과학관을 찾아 자연스럽게 과학자와 의사, 법률가와 경찰, NGO 운동가와 화가, 철학자와 시인 등 서로 다른 분야의 전문가들을 만나면서 생활 속 과학 이슈를 접한다. 또한 주중에는 과학과 예술을 접목하고 실험과 쇼를 겸비한 '펑크 사이언스'가 공연된다.

다나 센터가 취하는 흥미로운 형식은 행사에 참석한 사람들이 토크쇼가 끝나면 바로 자신의 의견을 표현할 수 있는 시스템을 갖추고 있다는 것이다. 모든 사람은 온라인과 오프라인으로 토론에 참여할 수 있으며, 홈페이지와 휴대전화로도 참여할 수 있다. 다나 센터는 이를 위해 3층 규모의 전시관에 모두 980만 파운드 약 200억 원 를 투입하여 디

• 영국 과학 진흥 협회(British Association for the Advancement of Science)는 런던 중심의 왕립 학회의 한계를 극복하기 위해 1831년에 조직되었다. 2009년에는 영국 과학 협회(British Science Association)로 명칭이 변경되었다.

지털 장비를 갖추었다. 남의 얼굴을 통째로 이식하는 설정이 등장하는 영화 〈페이스 오프〉처럼 '그러한 얼굴 성형이 가능한가, 가능하다면 윤리적인 문제는 없는가'를 주제로 한 실시간 전자 투표에서는 〈페이스 오프〉식의 얼굴 성형을 위해 자신의 얼굴을 기증할 수 있다는 답변이 높은 수치를 기록해 흥미로운 결과를 낳았다.

전시회 거리를 화려하게 장식하는 로마네스크 양식의 수려한 외벽을 자랑하는 런던 자연사박물관에는 전 세계로부터 수집된 식물 약 520만 점, 곤충 약 2,800만 점, 고생물 약 750만 점, 동물 약 2,700만 점 등이 소장되어 있다. 입구에 들어서면 중앙 현관에 거대한 공룡 화석 '디피 Dippy '를 만날 수 있는데, 디피는 전체 길이 32m를 자랑하는 디플로도커스라는 공룡의 골격 복제품이다. 세계적인 철강왕인 앤드류 카네기 Andrew Carnegi 가 에드워드 7세의 요청으로 이곳에 기부했다.

스코틀랜드에서 섬유 노동자의 아들로 태어난 카네기는 어렸을 적 가난에 몹시 시달렸다. 대부분 스코틀랜드와 아일랜드 출신의 노동자 집안이 그러했듯이 그의 가족 역시 1848년에 미국 펜실베이니아 주 피츠버그로 이주했다. 얼레잡이, 방적 공장 노동자, 기관 조수, 전보 배달원, 전신 기사 등 어려운 일을 전전하던 그는 1853년 펜실베이니아 철도 회사에 취직했고, 이곳에서 일하는 동안 장거리 여행자를 위한 침대차와 유정 사업 등에 투자하면서 큰돈을 벌었다. 이후 그는 피츠버그에 카네기 철강 회사를 설립하게 되는데, 이것이 나중에 J. P. 모건 사에 48억 달러라는 금액에 팔리면서 큰 부자가 되었다. 디피는 카네기 박물관에 전시된 진품을 복제한 것이다. 이후 그는 디피를 유럽의 여러 도시뿐만 아니라 라틴 아메리카와 남미 지역의 과학박물관에

런던 자연사박물관의 디피 모습.

도 기증하여 공룡의 대중화에 기여했다.

자연사박물관이 자랑하는 또 다른 전시물로는 거대한 대왕고래blue whale가 있다. 대왕고래는 수염고래 과에 속하는 고래로 흰긴수염고래라고도 부른다. 엄청나게 큰 것은 버스 4대를 이은 길이보다 더 길고 꼬리지느러미 크기는 중형 비행기의 날개 크기에 맞먹는다. 심장도 소형 자동차만 한 크기이고 가장 큰 혈관은 사람도 헤엄칠 수 있을 정도로 넓으며, 지구 역사상 존재했던 동물 가운데 가장 거대하고 무거운 동물로 알려져 있다. 웩스포드 항에서 붙잡은 지 42년이 지나도록 전시 공간이 없어 수장고에 보관되어 있다가 1934년에 '신 고래관new whale'이 건립되면서부터 대중에게 공개되기 시작한 대왕고래는 무게 10톤, 길이 28.3m에 달한다.

자연사박물관의 또 다른 자랑은 1996년부터 대대적인 리노베이션을 통해 개관한 지구관Earth Galleries이 뿜어내는 매력이다. 지구관 2층으로 올라가는 중앙 에스컬레이터는 마치 지구 내부로 들어가는 듯한 디자인으로 설계되어 관람객의 호기심을 불러일으킨다. 지구의 현재와 미래를 주제로 한 전시에서는 일본 고베 대지진 때의 상황을 재현하는 시뮬레이션 프로그램이 운영되고 있다. 1995년 1월 17일 새벽에 발생한 강도 7.2의 고베 대지진 때문에 고베를 비롯한 한신 지역에서 사망자 6,500여 명, 부상자 약 5만 명이라는 엄청난 피해가 발생했다. 일본 지진 관측 사상 최대 규모이자 최악의 지진으로 고베 시 전체가 초토화되었고, 한신 고가도로가 엿가락처럼 휘어졌다. 이러한 피해를 복구하기 위해 일본 정부는 10년 동안 철저한 조사를 수행했고, 그 결과 지진 피해 예측 장비인 피닉스 방재 시스템을 구축했다. 이와 함께 건물 내진 보강 공사도 강화하는 등 위기관리를 보다 철저히 함으로써 2013년 4월에 효고 현 아와지 섬에서 규모 6.3의 지진이 발생했을 때 그 피해를 최소화했다고 한다.

하지만 이 모든 것보다 런던 자연사박물관에서 빼놓을 수 없는 것은 레스토랑의 양쪽에 자리 잡은 두 과학자의 동상이다. 한 사람은 찰스 다윈이고 다른 한 사람은 '다윈의 불독'을 자처하고 나선 T. H. 헉슬리다. 1859년 다윈은 '무신론자로 비난받는 것을 두려워하여' 진화론 발표를 미루다가 청년 알프레드 월리스Alfred Russel Wallace 의 편지를 받고 서둘러 책을 출간했다. 그것은 다름 아닌 '적자생존survival of the fittest '이라는 메커니즘을 담은 『종의 기원The Origin of Species』이었다. 모든 생명이 사실상 연관되어 있으며 공통의 조상에서 유래했다는 그의 책은 출간되자마자 1,250부가 순식간에 팔려 나갈 정도로 큰 바람을 일으켰다. 하지만 온화한 성격의 다윈은 종교계와 과학계에서 제기되는 격정적 논쟁을 감당해 낼 투지와 열정이 없었다. 이러한 일은 바로 헉슬리가 담당했다. 다윈은 그러한 헉슬리를 "나를 대신하여 복음을 전하는 착하고 친절한 대리인."이라 불렀다.

헉슬리는 사실 공교육을 거의 받지 못한 자수성가형 인물이다. 8세에 공립학교에 입학해 자퇴한 것이 학력의 전부였지만 독학과 타고난 언변으로 1860년대에 인간의 유인원 조상ape ancestors 과 동굴 인류cave men 에 대한 이야기로 청중을 사로잡았다. 당시 런던에서 그의 강연에 대한 인기는 오늘날 연예인에 대한 인기만큼 높았으며 '부르튼 손에 수염이 덥수룩한 노동자들이 인류의 조상에 관한 그의 강연을 듣기 위해 무리지어 몰려왔다.'고 기록되어 있다.

치솟는 그의 인기는 기독교계를 심하게 자극했고, 급기야 1860년에 영국 과학 진흥 협회는 그와 옥스퍼드의 성공회 주교인 사무엘 윌버포스Samuel Wilberforce 간에 공개적인 논쟁을 마련했다. 이 자리에서 윌버포스가 헉슬리에게 "당신의 할아버지 또는 할머니 중 어느 쪽이 유인원과 친척이냐."고 물었고, 헉슬리는 "자기의 뛰어난 재능과 영향력을 중요한 과학적 토론을 조롱하는 데 사용하는 인간보다는 차라리 유인원을 할아버지로 택하겠다."고 답했다고 한다. 쇼맨십이 강했던 헉슬리는 논쟁이 벌어진 날이면 자신이 "옥스퍼드에서 4시간 내내, 그리고 그 후 20시간 동안 가장 인기 있는 사람"이라고 자랑했다고 한다.

매년 9월이 되면 자연사박물관에서는 이른바 과학과 예술의 화려한 접목인 '런던 패션 위크London Fashion Week'가 개최된다. 지구 환경 및 동식물과 패션의 결합은 우리의 삶을 지속 가능하게 하는 필수적인 부분이다. 2004년에 베네통 사는 자연사박물관과 함께 '원숭이 살리기'를 주제로 대규모 환경 이벤트를 실시했다. 고릴라, 침팬지, 오랑우탄 등 인간과 96% 이상 DNA를 공유하는 유인원들을 멸종 위험으로부터 보호하기 위해 마련된 이 행사에서는 사진작가 제임스 몰리슨이 찍은 유인원의 사진이 들어간 티셔츠와 '얼굴Face'이라는 이름의 사진첩이 판매되었다. 당시 수익금의 일부는 유엔 평화사절단원이자 유명 동물학자로 우리나라 국립 생태원에 그 이름을 남긴 제인 구달 박사에게 기부되어 세계 영장류 보호에 활용됐다.

금융과 산업의 도시, 최첨단 문화와 예술의 탄생지 그리고 무엇보다 상징적 통치자로서 왕의 권한이 살아 있는 도시. 최근 사람들은 다시 런던에 관심을 갖기 시작했다. 디지털식 과학수사 도구를 활용하되 여전히 인간의 추리력을 바탕으로 범인을 찾아내는 영드 〈셜록〉 때문이기도 하고, '애니그마'라는 독일 암호를 해독함으로써 제2차 세계대전을 연합군의 승리로 이끈 앨런 튜링을 그린 영화 〈이미테이션 게임〉 때문이기도 하다. 또 근사한 수트를 갖춰 입은 멋진 중년 남자가 진정한 '신사'가 무엇인가를 설파하는 영화 〈킹스맨〉 때문이기도 하다. 하지만 런던이 다시금 사람들에게 매력적인 도시로 다가갈 수 있는 것은 늘 시대를 앞서 생동적으로 변모하는 과학박물관과 자연사박물관이 있기 때문이다.

| 제6장 |

샌프란시스코 : 익스플로라토리움

예술과 과학으로 인간을 이해하는 최초의 과학센터

"샌프란시스코에 가면 머리에 꽃을 꽂으세요. If you going to San Fransisco, Be sure to wear some flowers in your hair."

언제 들어도 감미로운 스콧 맥킨지의 노래가 관광객들을 맞이하는 도시. 또 토니 베넷의 "내 마음을 샌프란시스코에 남겨 두고 왔네. I left my heart in San Francisco."라는 감미로운 노랫말이 우리를 유혹하는 도시. 자욱한 안개와 골든게이트 브리지를 배경으로 영화를 만든 알프레드 히치콕 감독과 버클리 대학교의 군수 연구소에서 돌연변이 괴물로 변신하게 된 녹색 괴물 '헐크'를 만날 것만 같은 도시. 코미디 영화 〈시스터 액트〉에서 날라리 수녀 역을 맡아 춤을 추고 노래를 부르던 우피 골드버그를 일약 스타덤에 올려놓은 세인트 폴 가톨릭교회 St. Paul's Catholic Church가 있는 도시. 비탈길을 오르내리며 달리는 케이블카로 언뜻언뜻 보이는 아름다운 해변가를 가진 도시이자 길가에서 한 다발의 장미꽃을 사야 할 것만 같은 도시.

미국 서부 해안에 위치한 샌프란시스코는 스페인 해안가와 비슷한 느낌으로 60년대 이후 히피 문화가 탄생하고 번성하면서 예술가들이 즐겨 찾는 도시가 되었다. 아시아 인, 유대 인, 게이와 보헤미안 등

언덕이 많은 샌프란시스코.

다양한 소수자들은 이제 창조 계급이 되어 각자의 개성을 발산하며 새로운 문화의 장르를 개척하고 있으며, 마크 트웨인Mark Twain• 이 남긴 수없이 많은 명언은 오늘도 도시 곳곳에서 방문객들에게 새로운 영감을 주고 있다. 문화와 예술, 저항과 자유의 기억과 흔적이 풍부하게 남아 있는 도시인 샌프란시스코는 과학적 시선으로 볼 때도 지극히 매력적인 곳이다. 왜냐하면 이 도시 해안가에는 미술의 궁전Palace of Fine

• 마크 트웨인은 『허클베리 핀의 모험』 등을 남긴 미국 소설가 사무엘 랭혼 클레멘스의 필명이다. 그는 매체 기고와 작품 활동으로 많은 돈을 벌었지만 수입의 상당 부분을 발명에 쏟아 부었으며, 발명가 니콜라 테슬라와 친하게 지내며 많은 시간을 그의 연구실에서 보냈다. 트웨인은 유아를 위한 침대 부속, 새로운 방식의 증기 엔진, 콜로타입 인쇄기, 개량 허리띠, 식자기계 등을 발명했지만 쓸모나 수익성 측면에서 성공적이지 못했다고 한다.

Art 과 나란히 세계 최초의 과학 체험 센터인 익스플로라토리움이 자리하고 있기 때문이다. 1969년 '예술과 과학과 인간의 이해를 위한 박물관a museum of art, science, and human perception '이라는 새로운 개념을 표방하며 낡은 미술관 건물에 설립된 이곳은 20세기 최대의 과학 프로젝트라고 할 수 있는 '맨해튼 프로젝트'와 연관이 매우 깊다. 1943년에 연방 정부 주도로 추진된 이 거대 프로젝트를 계기로 미국은 세계 최대의 과학 강국임을 선언하게 되었다.

그런데 사실 미국이 인류 문명사의 주역으로 떠오른 것은 근래의 일이며, 특히 과학기술의 역사에서 볼 때 미국의 위상은 매우 미비했었다. 16~17세기에 이탈리아와 영국 그리고 프랑스를 중심으로 활발하게 전개되던 과학기술 활동은 19세기에 제2차 산업혁명을 주도한 독일로 그 중심이 옮겨 갔다. 분열된 군소 국가의 집합체였던 독일이 정치적으로 열악한 상황을 극복하고 통일을 이룬 것은 1871년의 일이다. 독일은 통일국가의 집결된 힘을 보여 주기 위해서 대대적인 개혁이 필요했다. 특히 경쟁 상대국인 프랑스나 영국에 비할 때 대학에서의 과학 활동은 매우 뒤처져 있었으며, 베를린 아카데미에서는 주로 프랑스 출신의 과학자들이 활동하고 있었다. 독일이 극복해야 할 첫 번째 상대는 프랑스였고, 때문에 독일 정부는 프랑스와의 경쟁에서 이기기 위한 노력으로 대학 개혁을 시작했다.

개혁의 방향 중 하나는 우수한 교수 및 연구진들을 일정 기간 낙후된 지방대학에 체류토록 함으로써 지역의 질을 높이는 순환 제도를 도입한 것이다. 그 결과 매우 짧은 기간 동안 독일 대학은 놀랄 만큼 수준이 향상되었다. 또 하나의 방향은 오늘날처럼 실험실을 통해 연구자를 양성하는 박사 과정이 생겨났고, 또 '세미나'라는 교육 시스템이 처음으로 등장한 것이다. 이 두 가지 개혁 덕분에 괴팅겐 대학교 및 라이프치히 대학교, 하이델베르크 대학교 등은 전 세계 과학의 새로운 메카로 등장하게 되었다. 덕분에 당시 분위기는 과학 연구에 종사하려면 무조건 독일로 유학을 떠나 선진 과학을 접해야 한다고 여겼다. 당연히 미국의 과학도들도 독일로 유학을 떠나는 상황이었고 미국 과학의 존재감은 아주 미미했다.

이러한 때에 등장한 로버트 밀리컨Robert Milikan은 1923년에 미국인으로서는 처음으로 노벨물리학상을 수상함으로써 미국 과학의 자존심을 한순간에 회복시켜 주었다. 밀리컨 역시 시카고 대학교 교수로 재직하기 전에 미국 대학에서 수학한 다음 2년간 독일의 베를린 대학교와 괴팅겐 대학교에 유학했다. 1896년에 귀국한 그는 독일 출신으로 시카고 대학교에서 교수로 재직하던 A. 마이컬슨• 밑에서 조교로 일했으며 1921년에 캘리포니아 공과대학California Institute of Technology으로 자리를 옮겼다. 밀리컨이 활동하던 당시에는 빛이 입자인지 파동인지에 대한 오랜 논쟁이 종식되고 양자라는 불연속적인 입자라고 인정되었다. 또한 빛이 입자이면서 동시에 파동의 성질을 가진다는 이중적

• 1887년 A. 마이컬슨은 빛이 에테르를 매질로 전파됨을 검증하기 위해 E. W. 몰리와 함께 '마이컬슨-몰리 실험'을 수행했다. 이로써 우주 공간이 에테르라는 물질로 가득 차 있다는 오래된 생각이 잘못임을 실험적으로 증명한 것이다. 고대의 아리스토텔레스는 달을 경계로 천상계와 지상계로 나누고 지상계는 물, 불, 공기, 흙 4가지 원소로, 천상계는 에테르라는 제5의 원소로 구성되어 있다고 가르쳤다. 이후 2,000년 이상의 시간이 지나면서도 과학자들은 천상계가 에테르로 구성되어 있다는 사실에 대해 거의 의문을 제기하지 않았다. 하지만 19세기 후반부터 출현한 양자물리학의 흐름 속에서 마이컬슨과 몰리가 어느 방향을 향하든, 지구가 어느 위치에 있든 두 광선의 전달 속도가 같음을 알게 되었다. 이를 통해 우주 공간에 에테르 같은 물질은 없고 빛은 매질이 없어도 전파될 수 있는 파동임을 입증하였다.

인 특성도 널리 받아들여지고 있었다. 밀리컨의 생각은 '기본 전하량 역시 연속적으로 존재하는 것이 아니라 최소량의 정수의 곱으로 이루어져 있지 않을까?'라는 것이었다. 그에게 걸림돌은 어떻게 실험을 통해 기본 전하량을 측정할 것인가라는 기술적인 문제였다.

밀리컨은 1908년부터 물과 알코올을 사용하여 전하량을 측정하는 일련의 실험을 수행하다가 1909년 가을부터는 물이나 알코올이 아닌 기름방울을 사용하는 실험을 계획했다. 자동차 엔진오일로 사용되는 기름은 상대적으로 휘발성이 낮기 때문에 방울이 오르내리는 데 걸리는 시간이 30분에서 길게는 4시간까지 연장되어 전하량을 측정하는 데 훨씬 편리했던 것이다. 그런데 바로 이 기름방울을 선택함으로써 그는 전자의 기본 전하량을 측정할 수 있게 되었고, 그 결과 미국 과학자 최초로 노벨물리학상을 수상하는 영예를 안게 되었다. 그런데 흥미롭게도 이러한 그의 영광 뒤에는 항상 두 가지 비판이 따라다녔다. 하나는 남의 아이디어를 도용했다는 윤리적 비판이고, 다른 하나는 실험 데이터 조작에 대한 것이다.

사실 물방울이 아닌 기름방울을 사용하여 실험을 해 보자며 아이디어를 처음 냈던 것은 밀리컨이 아니라 그의 학생이자 실험 동료였던 하비 플레처Harvey Fletcher였다. 그런데 밀리컨은 그 실험 결과를 공동이 아닌 단독으로 발표하면서 플레처에게는 그것을 비밀로 해 줄 것을 부탁했다. 플레처는 그 약속을 충실히 지켰고, 비밀을 지킨 대가로 실험 결과 중 하나였던 브라운 운동을 주제로 박사 학위를 받을 수 있었다. 사람들은 이런 일을 두고 밀리컨과 플레처 사이에 어떤 밀약이 있었을 것이라며 의심을 했다. 하지만 대부분의 과학 연구가 실험실에서 공동으로 수행된다는 사실과 개개인이 실험의 성공에 기여한 정도를 정확히 구분하기가 매우 어렵다는 점을 고려해야 한다. 그리고 당시는 오늘날보다 더욱 그러한 시스템이 갖추어지지 않았기 때문에 정확한 내용을 알기는 쉽지 않다.

밀리컨에 대한 또 다른 비판은 그가 실험 데이터를 조작했을 가능성에 관한 것이다. 밀리컨은 실험 이전부터 전하량이 불연속성을 갖는 입자라고 강하게 믿었다. 마침내 1913년 실험에 성공한 그는 오늘날 교과서에 나오는 것처럼 전하량의 값이 4.774±0.009×10-10 esu 전하량의 단위 임을 밝혀낼 수 있었다. 그런데 거의 비슷한 시기에 오스트리아의 빈에서도 밀리컨과 유사한 실험을 수행하는 과학자가 있었다. 그는 전자의 기존 전하량의 유무를 놓고 평생 동안 밀리컨과 논쟁을 벌이게 되는 펠릭스 에렌하프트 Felix Ehrenhaft 였다. 에렌하프트는 1909년에 밀리컨과 유사한 방법으로 전하량을 측정하여 그 값이 4.6×10-10 esu 값을 얻었으며 자신의 값이 더 정확하다고 주장했다. 나아가 그와 그의 제자들은 밀리컨이 얻은 전하량의 1/50 혹은 1/100까지의 양이 존재한다고 주장했다.

그러나 다행스럽게도 밀리컨은 이러한 반박에 맞서 보다 정확한 실험을 시도했고 그 결과들을 실험 노트에 일기처럼 자세히 기록해 두고 있었다. 하지만 문제는 밀리컨이 실험 노트에 기록된 데이터의 1/3만을 사용했다는 사실에 있다. 밀리컨이 에렌하프트의 주장을 지지할 만한 데이터를 의도적으로 배제한 것이라는 의심이 드는 부분이다. 이러한 오해를 종식시키기 위해 후대의 과학자들은 그의 실험 노트에 기록된 모든 데이터를 활용하여 계산을 시도했는데, 다행히 그

밀리컨(앞줄 맨 오른쪽)과 아인슈타인(앞줄 가운데).

평균값이 밀리컨이 제안한 전하량의 값과 큰 차이가 나지 않았다.

밀리컨 이후 미국 과학은 가속도를 얻었다. 때마침 정치적이고 종교적인 상황이 변화하여 수많은 유대 인 과학자들이 히틀러 나치 정권의 박해를 피해 미국으로 대거 이주해 왔다. 대표적인 망명 과학자들로는 헝가리 출신의 물리학자 레오 질러드Leò Szilárd와 독일 출신의 아인슈타인이 있었다. 이 두 과학자는 당시 독일 과학의 상황을 누구보다 잘 알고 있던 터였고, 전쟁 종식을 위해서는 미국이 먼저 나서야 한다고 주장했다. 아인슈타인이 미국 프랭클린 루스벨트 대통령에게 보낸 편지에는 "핵분열로 놀라운 에너지가 나올 수 있으며 독일에서는 현재 연구가 진행 중이다. 빨리 대책을 강구해야 한다."며 절박감이 담겨 있었다. 사안의 심각성을 인식한 미국 연방 정부는 곧 레슬리 그로브스 육군 소장을 총지휘관으로 임명하여 비밀 프로젝트를 착수시켰다. 조용한 뉴멕시코 주에 위치한 해발 2,000m 높이의 로스앨러모스Los Alamos에서 역사상 최초의 민관 협동 프로젝트인 '맨해튼 프로젝트Manhattan Project'• 가 가동된 것이다.

그런데 흥미로운 것은 미국이 제2차 세계대전에 참여하여 핵폭탄을 개발하게 될 것이라는 예측은 아무도 하지 못했다. 왜냐하면 미국은 영국과 매우 가까웠음에도 불구하고, 제1차 세계대전 내내 중립을 표방하면서 막대한 군수물자 수출로 이익을 챙겼기 때문이다. 전쟁이 격렬해지면 격렬해질수록 수출로 벌어들이는 돈이 많아졌기 때문에 미국에게 제2차 세계대전은 또 한 번의 기회였다. 하지만 1941년 12월 7일 아침에 일본의 전투기가 미국 하와이 주의 진주만을 기습 공격하는 사건이 일어났다. 이 공격으로 188대의 비행기가 파괴되었고 2,500여 명의 사상자가 발생했다. 전쟁을 통해 경제적 이익을 챙기며 불구경을 즐기려던 미국 정부는 곧 연합군으로서 전쟁에 참여하기로 결정했다. 미국과 독일의 군비 경쟁이 시작된 것이다.

맨해튼 프로젝트를 주도한 과학자는 로스앨러모스 국립 연구소의 로버트 오펜하이머Julius Robert Oppenheimer•• 와 시카고 대학교의 엔리

• '맨해튼 프로젝트'는 미국 측 암호명이고 원래 공식명은 '대체 자원 개발(Development of Substitute Materials)'이었다. 영국 측 참가 조직의 암호명은 '튜브 앨로이스(Tube Alloys)'였다.

•• 총책임자였던 로버트 오펜하이머는 당시 하버드 대학교 화학과를 최우등으로 졸업하고 독일 괴팅겐 대학교에서 유학하고 돌아와 버클리 대학교에서 학생들을 가르치고 있었다. 그 역시 당시 다른 미국의 과학자들처럼 독일 유학의 경험을 가지고 있었다. 그에게 맡겨진 첫 번째 임무는 프로젝트에 참여할 과학자들을 모으는 것이었다.

코 페르미Enrico Fermi• 였다. 1942년부터 1946년까지 진행된 이 프로젝트를 위해 전 세계에서 물리학자, 수학자, 공학자 등 수백 명이 초빙되었다. 로버트 오펜하이머의 동생인 프랭크 오펜하이머Frank Friedman Oppenheimer를 비롯하여 닐스 보어, 리처드 파인만, 유진 폴 위그너, 존 폰 노이만 등 과학의 역사에 그 이름이 길이 남는 과학자들이 대거 참여했다. 전기 철조망으로 둘러싸인 허름하고 급조된 실험실에서 초기 비용 6,000달러로 시작된 연구는 1945년에 이르러 13만 명을 고용하고, 예산은 2억 달러로 늘어났다. 과학자들에게는 암호명이 부여되었고 가족을 포함한 아무에게도 그들이 하는 일에 대해서 이야기하면 안 된다는 특별 지시가 내려졌다. 연구 개발과 실제 원자탄 제조는 미국, 영국, 캐나다 등에 있는 30곳 이상의 지역에 분산되어 아주 비밀리에 진행되었으며, 그 결과 인류 역사상 최초로 실전에 사용되는 핵무기인 원자폭탄이 개발되었다.

전쟁 기간 동안에는 두 종류의 핵폭탄이 개발되었다. 하나는 우라늄 235를 사용하여 만든 '리틀보이little boy'로 히로시마에 투하되었고, 다른 하나는 플루토늄을 사용한 '팻맨fat man'으로 나가사키에 투하되었다.•• 1945년 7월에 세계 최초의 핵실험 '트리니티'가 오렌지 빛 섬광을 내며 성공적으로 수행되었고, 8월에는 히로시마에 리틀보이가

• 페르미는 원자핵이 느린중성자를 포획하여 새로운 원소를 만들 수 있다는 제안을 한 공로로 1938년 노벨 물리학상을 수상하였으며, 노벨상을 받으러 스웨덴에 갔다가 그 길에 미국으로 망명했다. 그의 아내는 유대인이었고, 이탈리아 무솔리니 정권은 노골적으로 반유대정책을 펼쳤기 때문이다. 이후 그는 핵분열의 연쇄반응의 속도를 조절하여 원자폭탄의 개발과 원자력 발전에 기여하였다

•• 리틀보이의 길이는 약 3m이고 지름이 71cm, 무게가 4톤이며, 폭발력은 TNT로 약 2만 톤(20kt)이다. 리틀보이는 당시 미국 루스벨트 대통령의 별명이었으며, 팻맨은 처칠의 별명이기도 했다.

펫보이.

투하되었으며 그로부터 3일 후에 나가사키에 팻맨이 투하된 것이다.* 원자폭탄 투하로 히로시마에서는 7만여 명의 사망자와 13만 명의 부상자가 발생했으며, 나가사키에서도 약 7만 5,000명의 사망자가 생겼다. 일본 천황의 항복으로 제2차 세계대전은 조기에 종료되었지만 그것이 가져온 물적·정신적 피해는 상상을 초월할 정도로 심각했고 후유증 역시 오래 남았다.

과학의 역사에서 원자폭탄의 개발과 투하는 엄청난 사건이었다. 과학이 인류에게 엄청난 재앙이 될 수 있음을 전 세계에 여실히 보여

* 미국 509 비행대 폴 티베트 대령은 5시간의 비행 끝에 히로시마 상공에 도착했다. 하늘은 맑게 개어 있었고 도시 전체가 한눈에 들어왔다. 그가 원자폭탄을 투하하자 오렌지 빛 섬광과 엄청난 불덩이가 치솟았고 시속 900km의 폭풍이 뒤를 이었다. 반경 4km 안의 모든 것이 한순간에 사라져 버린 것이다.

주었을 뿐만 아니라 과학적 생산물에 대한 과학자들의 역할이 어디까지인가라는 새로운 이슈를 제기했다. 사실 독일에 앞서 핵폭탄 개발을 서두름으로써 세계 평화에 기여해야 한다고 주장했던 것도 과학자들이었는데, 막상 핵폭탄이 개발되었을 때 핵의 사용을 자제해야 한다며 청원서를 제출한 것도 바로 그들이었다. 맨해튼 프로젝트에 참여했던 150여 명의 과학자는 우선 일본에게 공개적으로 항복을 요구할 것과 만약 일본이 항복을 받아들이는 한 원자폭탄을 사용하지 말아 달라는 내용의 청원서를 트루먼 대통령에게 전달했다. 하지만 개발된 핵폭탄의 투하 여부는 이미 과학자들의 손을 떠나 버린 상황이었다. 과학자들의 결정과 열정적인 연구 개발로 얻어진 과학기술의 산물이 이제 더 이상 과학자들만의 것이 아니었던 것이다. 과학은 어느덧 국제정치적이고 군사적인 판단에 의해 그 사용 여부가 결정되는 사회적 산물이 되어 버렸다. 과학 활용의 사회적 책임이라는, 그 누구도 예측하지 못했던 완전히 새로운 문제가 등장했다.

뒤늦게 아인슈타인은 "만약 내가 루스벨트에게 보낸 편지가 그런 파괴적인 결과를 가져올지 알았더라면 나는 그 편지에 서명하지 않았을 것."이라며 크게 통탄했다. 이보다 앞서 트리니티 핵실험을 감행했던 총괄 책임 과학자 로버트 오펜하이머는 "우리는 세상이 다시는 전과 같지 않으리란 걸 알았다. 일부는 울고, 일부는 웃었으며, 대부분은 침묵을 지켰다. 난 이제 죽음이요, 세계의 파괴자가 되었다."고 말한 적이 있다.

원폭 투하 이후 과학자들은 핵과 과학이 평화를 위해 사용되어야 한다는 절박감을 느끼고 대대적인 반핵 운동을 전개했다. 전쟁 종료

후인 1945년 10월에 오펜하이머는 육군과 해군 포상식에서 "전쟁을 준비하는 국가, 혹은 전쟁 중인 세계의 무기고에 원자폭탄이 새로운 무기로 추가된다면, 인류는 로스앨러모스와 히로시마라는 이름을 저주하는 날이 올 것."이라며 핵폭탄이 무기로 사용되는 것을 경고했다. 이어 1946년부터 과학자들은 '원자 과학자 비상 위원회'를 가동시켰고, 1954년 노벨화학상을 수상한 라이너스 폴링은 핵의 평화적 사용을 강력하게 주장했다. 1955년에 그는 51명의 노벨상 수상자와 함께 대기 중에서의 핵실험을 금지하는 반핵 서명 운동을 전개했으며 강연을 통해 일반 대중에게 핵실험의 위험성을 알렸다. 그는 1958년에 출간한 『더 이상의 전쟁은 없어야 한다No More War』에서 과학이 전쟁이 아닌 평화를 위해 공헌해야 한다고 역설함으로써 1962년에 두 번째로 노벨평화상을 수상했다.

익스플로라토리움은 바로 원폭 투하에 대한 과학자들의 뒤늦은 후회와 평화로운 미래를 찾으려는 희망 속에서 탄생했다. 형 로버트가 전쟁에 지대한 공로를 세우고도 매카시즘에 휘말려 큰 어려움에 직면하였을 뿐만 아니라 과학자의 길을 포기한 것을 가까이서 지켜본 프랭크 오펜하이머는 과학 연구에 심각한 회의를 느꼈다. 그러는 중에 구겐하임 장학금을 받고 영국 런던 대학교 유니버시티 칼리지에 머물게 되었는데 그곳에서 과학박물관이라는 새로운 돌파구를 찾았다. 런던 과학박물관의 어린이 갤러리와 도이체스 박물관• 등을 방문한 그

• 1923년에 개관한 도이체스 박물관에는 '디오라마'라는 새로운 형태의 전시물이 도입되어 연일 학생들의 발길이 끊이지 않았다.

익스플로라토리움.

는 자라나는 어린이들에게 과학의 즐거움을 전해주는 것이야말로 과학이 진정으로 추구해야 하는 것이며 과학을 평화적으로 이용하는 일이라고 생각하게 된 것이다. 과학자였던 자신이 정작 미국을 위해 해야 할 일은 과학 연구가 아니라 자연 세계의 숨은 과학적 원리를 즐겁게 이해하고 탐구할 수 있도록 미래 세대를 키워 내는 일이었다.

오펜하이머는 초대 관장으로 재직하면서 기존의 과학박물관들과는 완전히 새로운 것을 추구했다.• 그의 과학 센터에서는 사람들이 사물과 개념을 어떻게 인지하는가에 대한 기초연구를 토대로 전시와 전

• 오펜하이머는 1985년 죽을 때까지 초대 관장으로 재임했다.

시물을 기획했다. 이곳에서는 관람객이 탁 트인 전시장에 배치된 전시물들을 자유롭게 만지고 조작하면서 전시물과 자유롭게 소통하고 호기심에 대한 답을 얻을 수 있다. 압력이나 온도 그리고 빛의 편광 같은 과학의 아주 기초적인 개념들이 작동 전시물을 통해 자연스럽게 이해되도록 하는 것이 이곳의 목표다.

익스플로라토리움은 크게 6개의 갤러리로 구성되었으며 과학과 인간 지식, 예술 등 다양한 분야와 연관된 650여 개의 작동 전시물이 설치되어 있다. 귀와 눈, 빛과 소리를 활용한 '보는 것과 듣는 것' 갤러리, 관람객들이 서로에게 스스로 행동 관찰자가 되어 보는 '인간 행동' 갤러리, 기계공학 관련 키트를 직접 제작하고 작동시켜 봄으로써 자연의 숨은 원리를 이해할 수 있게 하는 '손으로 생각하기' 갤러리가 있다. 또한 어린이들이 대형 블록에서 뛰어놀면서 공간 개념을 느끼게 하는 기하학 놀이터, 아치교의 원리를 실험을 통해 이해하는 코너, 현

익스플로라토리움의 전시물.

미경으로 살아 있는 생물을 관찰하는 코너, 손과 발을 이용해 전기에너지를 만드는 코너 등 체험 위주의 프로그램들이 다채롭게 운영된다.

하지만 이곳의 가장 대표적인 것으로는 '전시 워크숍Exhibit Workshop' 이라는 공방이다. 과학자와 엔지니어, 기술자와 예술가들이 머리를 맞대고 협업을 통해 과학 전시물을 직접 제작하고 수리하는 과정을 있는 그대로 보여 주는 전시 워크숍은 그 자체가 하나의 전시물이 된다. 투명한 유리 공간 안에서 일어나는 융합의 작업 과정을 직접 눈으로 볼 수 있는 이곳은 관람객들의 호기심을 불러일으키기에 충분하다. 특히 이곳에서는 모든 전시물이 자체 제작되며, 성공적으로 제작된 전시물의 전개도 및 제작 과정은 체계적인 매뉴얼인 쿡북Cook Book으로 제작된다. 뮤지엄 숍에서 팔리는 이 쿡북은 전 세계 과학 센터에 좋은 자료가 되고 있다.

또 하나 이곳의 특징은 과학과 예술의 접목이다. '예술이 곧 아는 방식Art as a Way of Knowing'이라는 기본 철학하에서 예술을 적극적인 과학 전시의 도구로 활용하고 있는 것이다. 특히 1974년부터 시작된 '예술가 레지던스' 프로그램 아래 매년 10명에서 20명 정도의 예술가들을 과학 센터로 초청하여 짧게는 2주에서 길게는 2년까지 상주하도록 지원한다. 이 프로그램을 통해 평소 협업이 어려운 과학자와 엔지니어, 예술가와 인문학자들 간에 협업이 이루어지고 있는 것이다. 음악을 통한 소리의 본성이나 미술을 통한 빛의 본성 등의 전시물은 예술가 레지던스의 대표적인 사례로 현재까지 약 250점이 넘게 제작되었다. 이곳에서는 또한 음악회나 영화 상영 등의 다양한 문화 공연도 선보이는데, 이곳에서 공연한 대표적인 예술가들 중에는 현대 미국에서 가장 영향력 있는 작곡가로 활동하는 존 케이지John Cage* 와 로리 앤더슨Laurie Anderson 이 있다. 이제 샌프란시스코에 가면 머리에 꽃을 꽂는 대신 익스플로라토리움에서 미래 세상을 익스플로링탐험 해 보는 것이 어떨지!

---

* 존 케이지는 미디어아트의 선구자인 백남준과 협업을 하며 음악의 본성을 추구하는 작곡가다. 그는 "왜 우리는 우리 주변에서 들리는 소리를 듣지 않고 음악을 듣는가?"라고 질문하면서 "거기에는 이유가 없다."고 답했다.

| 제7장 |

스톡홀름 : 노벨 박물관

'북구의 베네치아'에서 기리는
과학자 최고의 영예

해마다 10월이 되면 전 세계 사람들의 관심은 '북구의 베네치아'라고 불리는 북유럽의 한 도시에 집중된다. 이 도시는 두 차례의 세계대전 때에는 중립국의 수도로서 외교의 무대가 되었으며, 제2차 세계대전 후에도 핵무기 금지 운동을 비롯하여 국제적인 회의가 많이 열리고 있다. 귀에 쏙 들어오는 멜로디와 흥겹고도 단순한 리듬으로 뮤지컬 〈맘마미아〉와 함께 전 세계인의 사랑을 받는 팝 그룹 아바ABBA를 탄생시킨 이곳은 중립과 실용주의로 스칸디나비아 반도의 최대 도시로 손색이 없다. 1250년에 스타덴 섬에서부터 건설되기 시작하였고 지금도 그 무렵의 교회와 시장 광장, 불규칙한 도로 등 옛사람들의 기억과 흔적이 남아 있다. 오늘날에는 인류 최고의 창의적 성과를 칭송하고 격려해 주는 이곳은 바로 도시 스톡홀름이다.

매년 12월 10일이 되면 스톡홀름의 스웨덴 왕립 과학 아카데미는 국가와 인종을 초월하여 물리학과 화학 그리고 생리의학 분야에서 최고의 과학자들을 선정하고, 이들에게 노벨과학상을 수여하는 시상식을 진행한다. 스웨덴 국왕을 비롯하여 왕족과 정치인들이 참석함으로써 전 세계인의 시선을 한데 모으는 시상식이 끝나면 수상자들과 초

스톡홀름의 전경.

청받은 축하객들은 전망 좋은 시청 건물의 거대한 블루홀에서 행해지는 공식 만찬에 참석한다. 전 세계 언론과 방송은 전통과 격식이 어우러진 최고의 수상식과 만찬을 생방송하기 위해 몰려들고, 때문에 노벨상 수상 시즌에 스톡홀름은 많은 사람들이 모이는 축제가 펼쳐진다. 전 세계에서 가장 지적이면서도 가장 화려한 축제가 북구의 겨울 도시에서 펼쳐지는 것이다.

수상식장은 이탈리아 산레모에서 특별히 재배되어 비행기로 공수된 꽃들로 화려하게 장식된다. 공식적인 노벨 만찬에는 매년 약 1,300명이 특별히 초청되며 매우 신중하게 선별된다. 참석하는 모든 남자들은 반드시 연미복을 입어야 하기 때문에 수상자들은 물론 초청받은 하객들도 연미복을 마련하느라 분주하다고 한다. 매해 노벨 만찬은 새로운 메뉴로 초청객을 대접하는데 만찬의 메뉴는 서빙될 때까지 비밀에 부쳐진다. 보통 3코스로 이루어진 만찬은 약 4시간 동안 진행되며, 약 260명의 서비스 직원들이 시계처럼 정확하게 움직이며 모든 참석자들에게 거의 같은 시간대에 음식을 서빙한다고 한다. 상금 액수만 해도 13억 원에 달하는 최고의 상인만큼 노벨상은 수상자뿐만 아니라 그들의 조국에도 대단한 영광이다.

이처럼 영예로운 노벨상은 1900년에 설립된 노벨 재단이 제정하고 운영하고 있다. 발명가의 아들로 태어난 알프레드 노벨Alfred Nobel은 300건에 달하는 특허를 보유했던 발명가이자 화학자이며, 오늘의 시각에서 본다면 글로벌 사업가였다. 그의 아버지는 그가 어렸을 때부터 새로운 발명 사업에 열중하느라 성공과 실패를 거듭했고, 그 덕분에 노벨은 자주 이사를 다녔다. 1837년에 그의 가족은 러시아의 상트

페테르부르크에 정착했는데, 크림 전쟁에서 러시아가 패하면서 다시금 경제적으로 파산 상태에 빠진 아버지는 그의 가족을 데리고 러시아를 떠나게 되었다. 어쩔 수 없이 혼자 남겨진 노벨은 다이너마이트 연구에 몰두하게 되었는데, 그 결과 1867년에 마침내 니트로글리세린을 활용하여 다이너마이트를 발명하는 데 성공한다.

굉장한 폭발력을 자랑하던 다이너마이트로 인해 폭파가 어렵던 공사 현장의 문제들이 쉽게 해결되면서 노벨은 한순간에 유럽 최대의 부호가 되었다. 하지만 세상의 모든 일에는 양면성이 있듯이 그의 발명품은 전쟁에서 수많은 사람의 생명을 앗아가는 무서운 무기가 되었다. 어릴 적 공장이 폭발하여 동생을 잃었던 아픈 경험이 있는 노벨에

노벨의 연구실을 재현한 모형.

게 이것은 엄청난 충격이었다. 선의로 발명했던 다이너마이트가 인류를 파괴하는 데 사용된다는 사실로 몹시 괴로워했던 노벨은 자기 전 재산의 94%를 기부하여 노벨상을 제정하라는 유언을 남겼다. 이처럼 노벨상은 인류 평화를 갈구하는 그의 진정한 희망을 반영한 것이다.

노벨은 1896년 12월 10일에 숨을 거두었지만, 그 1년 전에 이미 유언장을 작성했다. 다음 해에 공개된 그의 유언장에는 세계의 평화와 과학의 발달을 위해 3,100만 크로네 약 45억 원 를 기증할 것과 그의 유산을 관리하기 위한 노벨 재단의 설립에 대한 내용이 담겨 있었다. 노벨 재단은 1901년부터 매년 노벨상을 선정하고 수상해 왔는데, 2014년까지 모두 889명 두 차례 받은 사람을 제외하면 847명 의 수상자가 배출되었다.• 노벨상은 수상자의 업적이 인류의 삶을 얼마나 윤택하게 했는지, 얼마나 많은 인류를 구하기 위한 것이었는지에 대한 칭송이자 보상으로 주어지는 것이다. 흥미로운 것은 수상자들의 연구 대부분이 당시 학계의 주류와는 거리가 있다는 것이며 또 대부분의 수상자가 최소한 20년에서 50년 가까운 시간이 지난 후에야 상을 수상한다는 것이다. 이는 노벨상이 새로운 과학적 이론보다는 실험을 통해 확인된 것을 선호하기 때문이다.

노벨상 위원회가 추천하고 스웨덴 왕립 과학 아카데미가 선정하는 노벨물리학상의 경우에 아인슈타인은 상당히 뒤늦게 수상했다. 스위스 특허청에 근무하던 젊은 과학자 아인슈타인은 1905년에 3편의

• 1969년부터는 스웨덴 국립 중앙 은행이 상금을 지원하는 노벨경제학상이 신설되었다.

논문을 발표했다. 한 편은 빛의 파장설로는 도저히 설명할 수 없는 현상을 설명하기 위한 광전효과에 관한 것이고, 다른 한 편은 박사 학위 논문인 브라운 운동을 설명하는 것이며, 마지막 한 편은 특수상대성이론이다.

하지만 아인슈타인은 1921년에서야 노벨상을 수상하는데, 그것은 그를 가장 유명하게 만들었던 상대성이론 때문이 아니라 이론물리학에 기여하고, 특히 광전효과의 법칙을 발견한 공로 때문이었다. 특수상대성이론이나 일반상대성이론이 인정받아서가 아니라 1905년에 제안했던 빛의 광전효과를 실험적으로 증명했기 때문이었다. 그런데 아이러니하게도 아인슈타인이 1923년에 스웨덴을 방문하여 노벨상 수상 기념 강연회에서 강연한 내용은 광전효과가 아닌 상대성이론이었다.

노벨상은 과학 연구에 종사하는 모든 과학자들의 로망이지만, 정작 자신이 수상하게 될 것을 예측하기는 매우 어려운 상으로도 유명하다. 첫 수상자를 배출한 지 100년이 넘은 오늘날까지도 노벨상이 세계적인 권위를 인정받는 이유에는 바로 추천 및 선정 과정에서의 개방성 때문이다. 노벨 재단은 매해 수상자를 선정하기 위해 전년도 9월부터 약 100여 개에 달하는 유수 대학과 연구소에 3,000여 통의 추천서한을 발송하며, 350여 명의 스웨덴 왕립 과학 아카데미 회원이나 유관한 아카데미의 추천을 받아 광범위하게 후보 풀을 마련한다. 이들을 대상으로 매우 엄격하면서도 공정한 심사를 진행하여 수상자를 선정하기 때문에 마지막까지 수상자들을 알아내기란 여간 쉽지가 않다. 실제로 2011년에 초신성을 연구해 우주의 팽창이 점점 빨라진다는 사실을 밝혀내고 노벨물리학상을 공동 수상한 솔 펄머터Saul Perlmutter는 아마 자신이 수상자로 선정될 것임을 예상한 사람은 세상에 아무도 없었을 것이라며 수상 소감을 밝혀 청중의 웃음을 자아내기도 했다.

스톡홀름 중심부 감라스탄Gamla Stan의 스토토겟 광장Stortorget에 위치한 노벨 박물관은 바로 이러한 노벨상 과학자들의 성과를 한눈에 볼 수 있게 전시하고 있다. 노벨상 제정 100주년을 기념하여 2001년에 노벨 재단이 설립한 이곳은 스톡홀름에 현존하는 18세기 건축물 가운데 가장 아름다운 건물 중 하나다. 이곳은 노벨의 삶을 기리는 한편, 노벨과학상뿐만 아니라 평화상, 문학상 등 모든 수상자들에 관한 지식과 정보를 보관·전시하고 있다. '창의성의 문화'를 모토로 삼고 운영되는 이 전시관에서는 짧은 영화를 통해 700여 명의 노벨상 수상자들

노벨 박물관의 모습.

과 만날 수 있으며, 700여 점의 독창적인 발명품이 전시되어 있다. 이곳에서는 노벨평화상을 수상한 전 김대중 대통령의 일생에 관한 다양한 정보와 실물자료도 만나 볼 수 있다.

역대 노벨과학상 수상자들은 여러 가지 흥미로운 사실을 보여 준다. 우선 그 누구도 혼자서 독립적으로 연구 활동을 하거나 그렇게 수행한 연구 결과를 통해 수상하지 않았다는 것이다. 또한 대부분의 노벨과학상 수상자들은 이미 노벨상을 수상한 선배 혹은 스승의 연구실에서 이들과 연관을 갖거나 어떤 한 시기 동안 같이 지내며 연구 주제나 방법 등의 영향을 받았다는 것이다. 특히 노벨과학상 수상자들은 서로가 혈연 혹은 결혼으로 맺어진 경우도 많다. 실제로 1901년부터 1976년 사이에 노벨상을 수상한 313명의 수상자를 분석해 보면 대부분 스승과 제자의 관계로 나타나고 일부는 혈연 혹은 결혼을 통한 관계로 나타났다. 또 1975년까지 노벨과학상 수상자들 중에 부모와 자식이 수상한 경우는 모두 다섯 차례가 있다. 양자물리학자인 닐스 보어 Niels Bohr 는 아들 아게 보어 Aage Bohr 가 태어나던 해 노벨상을 수상했으며, 아게 보어는 그로부터 53년 뒤인 1976년에 노벨상을 수상했다. 영국의 물리학자 톰슨 J. J. Thomson 은 1906년에 기체를 통한 전기 전도에 대한 연구를 인정받아 노벨과학상을 수상하였는데, 그의 아들 톰슨 G. P. Thomson 역시 1937년에 결정에 의한 전자 회절 연구로 노벨상을 수상했다.

특히 윌리엄 브래그 W. H. Bragg 와 로렌스 브래그 W. L. Bragg 는 아버지와 아들로 1915년에 노벨물리학상을 공동 수상했다. 부자로서는 첫 수상자인 이들은 'X선 결정학'이라는 새로운 분야를 개척함으로써 현대 물리학과 화학에 지대한 영향을 끼쳤다. 실험에 뛰어났던 아버지 윌리엄과 이론적 개념화에 우수했던 아들 로렌스는 서로의 장점을 최대한 활용했고 또 부자라는 특성을 십분 활용하여 짧은 기간에 놀라운 성과를 이루어 낼 수 있었다. 이들은 또한 대를 이어 영국 왕립 연구소Royal Institution• 소장을 역임하면서 쇠락하던 왕립 연구소를 실험과학 연구의 최전선으로 부활시켰다.

사실 1900년대는 X선의 본성이 입자인지 혹은 파동인지에 관한 논쟁이 매우 뜨겁던 시기였다. 1909년 영국의 리즈 대학으로 자리를 옮긴 윌리엄은 본격적으로 X선을 이용한 입자 간의 간격을 탐구하는 연구에 몰두했고, 그의 첫째 아들인 로렌스 브래그는 케임브리지 대학교의 트리니티 칼리지에 입학했다. 아버지의 설득으로 수학자가 되는 대신 물리학을 전공 분야로 선택한 로렌스는 아버지와 마찬가지로 케임브리지 대학교 수학우등시험에서 1등의 영예를 안고 졸업했다. 졸업과 동시에 캐번디시 연구소에서 일하게 된 로렌스는 이미 X선 결정학이라는 새로운 분야로 세상에 이름을 알리고 있던 아버지와 X선의 본성에 대해 열띤 토론을 벌이게 되었다.

1912년 여름에 독일의 폰 라우에Von Laue는 윌리엄이 이미 수행했

• 왕립 연구소는 1799년 럼포드 백작의 주도하에 '유용한 지식의 대중적 확산을 통해 가난한 사람들의 삶을 개선한다'는 목표로 설립되었다. 19세기 동안 왕립 연구소는 데이비, 틴달, 패러데이 등 당대 대표적인 과학자들이 차례로 연구소 소장을 역임하면서 최첨단 과학 연구를 수행하고, 그것을 금요 강연과 크리스마스 과학 강연을 통해 청소년과 일반 대중에게 소개하는 과학 대중화의 산실로써 기능했다. 특히, 패러데이가 연구소장으로 재임하던 시절에는 실험과학의 내용을 대중들에게 쇼의 형식으로 보여 주는 크리스마스 과학 강연이 시작되었다. 한 번도 정규교육을 받지 못했지만 과학자로 자수성가한 패러데이는 자신처럼 불우한 환경의 청소년들에게 과학에 대한 꿈을 심어 주고자 했던 것이다.

던 것과 유사한 연구 내용인 X선이 결정에 부딪히면 회절될 수도 있음을 발표했다. 급박해진 윌리엄은 라우에의 X선 연구 결과를 자세히 살펴보다가 몇 가지 의문점을 발견했다. 그러고는 곧바로 이를 아들 로렌스와 상의했는데, 로렌스는 특유의 직관력을 발휘하여 X선이 부분적으로는 파동이고 또 부분적으로는 입자일 것이라는 매우 뛰어난 설명을 제안했다. 윌리엄은 아들의 아이디어를 토대로 같은 해 11월에 결정에서의 원자 배열, 즉 결정의 구조를 결정하는 데 핵심이 되는 유명한 브래그 법칙을 내놓게 되었다. 그로부터 2년여 동안 아버지와 아들은 X선 회절에 관한 공동 연구에 몰입하였고, 염화나트륨 결정이 염화나트륨이라는 분자들로 구성된 것이 아니라 염소 이온과 나트륨 이온이 기하학적인 규칙성을 갖고 배열되었다는 점을 처음으로 알아낼 수 있었다. 이것은 화학사에 길이 남을 대단히 혁명적인 발견이었다. 윌리엄은 또 실험 기구인 X선-스펙트로스코피도 개발했고, 여기에 방사에 관한 연구 결과가 더해지면서 마침내 X선 결정학이라는 완전히 새로운 분야가 탄생하게 되었다.

나중에 왕립 연구소의 밝혀지지 않은 역사를 서술하던 도중 세상을 떠난 윌리엄의 딸이자 로렌스의 여동생인 카로는 "어렸을 때 아버지는 자신이 만든 결정 모델을 빛에 비추어 보면서 원자의 구조를 고민하곤 했는데, 그때 아버지의 얼굴에서는 말로 표현할 수 없는 기쁨이 배어 나왔다."라고 술회했다. 그녀는 또 "아버지가 계시는 곳이면 어디든 결정을 표현하기 위한 구슬들이 있었는데, 아버지의 필통 속에 있던 검정색, 상아색, 초록색의 구슬이 너무 아름다워서 무척이나 갖고 싶었다."며 윌리엄이 얼마나 연구에 열정적으로 몰두했는지를 잘 보여 주었다.

이들 부자는 1915년에 전쟁으로 인해 노벨상을 직접 수상하지는 못했지만, X선을 이용하여 결정 구조를 분석한 공로를 인정받아 노벨 물리학상을 공동 수상했다. 수상 당시 로렌스의 나이는 25세였다. 이들의 성공에는 여러 가지 요인이 작용했는데, 가장 중요하게는 아버지와 아들이었기 때문에 그 누구보다 완벽한 팀을 이루었을 것이라는 점이다. 사실상 두 사람은 초기 공동 연구를 시작하는 동안 모든 연구자들이 부러워할 정도로 완벽한 팀워크를 자랑했다. 게다가 아버지는 실험가였고, 아들은 이론가여서 공동의 작품을 만들어 내기에 최상의 여건을 갖추고 있었다. 하지만 안타깝게도 누구보다도 서로를 잘 이해할 것 같은 두 사람은 노벨상 공로를 인정하는 부분에 있어서는 서로 의견이 달랐다. 결국 그들은 분야를 나누어 각자의 길을 걷고 말았다.•

이들 부자의 사례는 과학자에게 있어서 노벨과학상이 얼마나 큰 의미를 갖고 있는지를 단적으로 보여 준다. 하지만 중요한 사실은 로렌스가 자신의 미래를 아버지의 조언에 따라 결정했다는 것이며 아버지는 아들의 의견을 경청하며 존중해 주었다는 것이다. 만약 윌리엄이라는 아버지가 없었다면 로렌스는 수학도가 되었을 것이고, 또 만약 아버지가 X선 스펙트로스코피라는 실험 기구를 고안하지 않았다면,

• 로렌스는 노벨상과 관련한 수상 공로가 대부분 아버지에게 돌아가게 되자 매우 불편해했다. 그는 연구 성과 중에서 어디가 자신이 공헌한 부분인지를 내보이기 위해 거의 절망적으로 매달렸다. 윌리엄은 아들과의 불편한 상황을 극복하기 위해서 아들의 업적을 강조하였지만 수상 논문은 이미 공동 저자 이름으로 되어 있었다. 윌리엄이 매우 내성적이고 따뜻한 성격이었다면 로렌스는 자신의 감정을 숨김없이 드러내던 사람이었던 탓에 두 사람 사이의 벽은 더욱 높아졌고 더 이상의 공동 연구는 가능하지 못했다.

로렌스가 내놓은 아이디어는 그저 하나의 발상으로 그쳤을 것이다. 역으로, 만약 로렌스라는 아들이 없었다면 실험에 뛰어났던 윌리엄이 X선 결정학을 이론화하는 데 매우 어려웠을 것이고, 시간을 다투던 다른 연구 팀과의 경쟁에서 우선권을 갖고 X선 결정학을 완성하기는 쉽지 않았을 것이다.

부모와 자식이 수상한 경우 중에서 가장 흥미로운 사례는 아무래도 4명의 수상자가 모두 혈연이자 결혼으로 엮여서 모두 5차례나 노벨과학상을 수상한 퀴리 가문일 것이다. 1903년 폴란드 태생의 마리 퀴리Marie Curie와 그의 남편 피에르 퀴리Pierre Curie는 물리학 분야에서 방사능 물질의 발견으로 노벨상을 공동 수상하였다. 그로부터 8년 동안 열정과 끈기로 연구 활동을 수행한 그들은 앞서서 발견한 라듐radium과 폴로늄polonium으로 화학 분야에서 다시금 단독으로 노벨상을 수상했다. 이후 한 세대가 지난 1935년에는 그들의 딸과 사위인 이렌느 졸리오 퀴리Irene Joliot Curie와 프레데릭 졸리오Frederic Joliot가 새로운 방사능 원소의 합성에 관한 연구로 노벨화학상을 공동 수상했다.

결혼 전 이름이 마리 스클로도프스카였던 퀴리 부인이 조국 폴란드를 떠나 어렵사리 파리에 도착한 것은 그녀의 나이 24세 때였다. 의사가 된 언니의 지원 덕분에 파리 소르본 대학교에 입학한 마리는 대부분의 유학생들이 그러하듯 돈을 아끼기 위해 대학 근처에 난방도 되지 않는 방에서 공부에 몰두했다. 그녀의 꿈은 어서 빨리 공부를 마치고 교사가 되어 조국 폴란드로 되돌아가는 것이었다. 그런 그녀에게 1894년 어느 날 수줍은 성격의 피에르 퀴리가 운명처럼 나타났다. 그는 마리의 자취방으로 찾아와 청혼을 했고, 너무 갑작스런 일에 놀란

노벨상 시상식 공식 만찬이 열리는 블루홀.

나머지 마리는 공부를 잠시 중단하고 서둘러 고향으로 내려가 버렸다.

고향에 머물던 마리에게 어느 날 피에르의 편지가 도착했다. 편지에는 "우리가 서로의 곁에서 우리의 꿈에 취해 삶을 보낼 수 있다면 얼마나 아름다울까! 당신이 갖고 있는 애국자로서의 꿈과 우리가 함께 꾸는 인도주의자로서의 꿈 그리고 우리 두 사람이 과학에 대해 품은 꿈에 취해서 말이오!"라고 쓰여 있었다. 편지에 감동을 받고 파리로 되돌아온 마리는 피에르와 조촐한 결혼식을 올렸다. 이후 두 사람은 서로를 격려하며 과학 연구에 박차를 가했다. 피에르는 뒤늦게 박사 학위 논문을 제출했고 마리는 교사 시험에 합격했다.

마리와 피에르의 실험실은 초라하기 그지없었다. 목재로 대충 지어져 비가 새고 환기가 되지 않는 헛간에서 그들은 2년 동안, 20kg이나 되는 액체를 몇 시간씩 휘젓는 중노동을 감수했다. 그 결과 새로운 방사능 원소인 폴로늄과 라듐을 얻었고 1903년에 노벨물리학상을 공동 수상하는 영예를 안게 되었다. 하지만 노벨과학상은 그들의 삶을 아주 복잡하게 만들었다. 언론들은 그들의 일거수일투족을 취재하기 원했고, 강연 요청은 쇄도했으며, 연구실 복도에는 그들을 만나러 온 사람들로 그득했다. 그리고 그다음에는 최악의 상황이 발생했다. 학회 모임에 나간 피에르가 연인들의 장소로 유명한 퐁네프 다리 근처에서 마차 사고로 세상을 떠나고 만 것이다. 남편이자 가장 절친한 동료였던 피에르를 잃어버린 것은 38세의 여인 마리에게는 너무나도 서글프고 끔찍한 사건이었다. 하지만 그녀는 곧 기운을 차리고 연구에 매진하였고, 그 결과 소르본 대학교 최초의 여자 교수가 되었다. 나중에 그녀는 연구하던 시절을 "우리는 마치 한 덩어리처럼 연구와 실험 그리고 수업과 시험 준비 등 모든 일을 함께 나누었다. 그때 우리는 여러 가지 어려운 상황 속에서도 무척 행복했다. 그토록 가난하고 보잘것없는 우리의 창고는 아주 고요했고, 난로 옆에서 마시는 뜨거운 차 한 잔은 우리에게 커다란 위로를 주었다."고 회상했다.

1911년에 퀴리는 두 번째로 노벨화학상을 단독 수상했으며, 1914년에는 파리 대학과 파스퇴르 연구소가 공동으로 설립한 라듐 연구소 소장이 되었다. 그녀는 이제 딸 이렌느 퀴리를 비롯하여 유수한 제자들을 키워 내며 라듐 연구의 세계적인 명성을 이어 갔다. 그러나 행운은 또다시 불행과 함께 찾아왔다. 방사선에 오랫동안 노출되었던 탓에 그녀는 백혈병에 걸리고 말았다. 당시는 아직 방사선의 위험에 대해 전혀 모르던 때였고 그녀는 아무런 안전장치 없이 동위원소를 담은 튜브 병을 주머니에 넣어 다녔던 것이다. 결국 그녀는 1934년 7월 4일에 스위스에서 요양하던 중 세상을 떠났다. 그녀의 유해는 1995년에 파리의 국립 공원 팡테옹으로 옮겨져 남편 피에르와 함께 안치되었다. 그녀의 죽음을 두고 아인슈타인은 "유명한 사람들 중에서 명예를 얻기 위해 순수함을 잃지 않았던 유일한 사람."이라며 칭송했다.

노벨상 수상 과학자들 중에는 스승 혹은 멘토와 제자, 선배와 후배 연구자라는 사회적 연결이 훨씬 중요하게 작동하기도 한다. 1972년까지 미국에서 노벨상을 수상한 92명의 과학자들 중에서 절반 이상인 48명은 앞선 수상자들 지도하에 학생, 박사 과정, 보조 연구자들로 일한 경험을 갖고 있다. 인공 방사능 물질을 만든 엔리코 페르미는 6명의 미국인 수상자들을 직간접으로 키워 냈으며, 어니스트 로렌스 Ernest Lawrence 와 닐스 보어는 각각 4명의 수상자들을 길러 냈다. 영국 케임브리지 대학교의 캐번디시 연구소는 세계적으로 가장 많은 노벨과학상 수상자를 배출한 곳으로 톰슨과 어니스트 러더퍼드Ernest Rutherford의 지도하에 모두 17명의 수상자를 배출했다. 좋은 스승을 만나는 일은 언제 어디서나 매우 중요한 일인 듯하다.

노벨과학상 수상 기관들을 분석해 보면, 1973년부터 최근 30년 사이에 노벨상 수상자를 배출하는 대표적인 대학들은 대부분 미국이나 영국 등 영어권 지역에 소재하고 있다. 대학이 아닌 연구소의 경우에는 영국의 캐번디시 연구소와 독일의 막스 플랑크 연구소Max Planck Institute•, 미국의 국립 보건원NIH: National Institute of Health, 벨 연구소Bell Institute 그리고 스위스에 소재한 유럽 원자핵 공동 연구소CERN가 있다. NIH의 경우는 미국 정부의 적극적인 지원하에 생리의학 분야에서 수상자를 많이 배출했으며, 캐번디시 연구소와 벨 연구소 그리고 CERN은 물리학 분야에서 다수의 수상자를 배출했다. 유카와 히데키가 1949년에 노벨물리학상을 수상한 이래 일본은 모두 18명의 노벨상 수상자를 배출했고, 중국의 경우에는 1957년에 리쩡다오李政道와 양쩐위杨振宁가 노벨물리학상을 수상한 이래 모두 7명이 수상했다.

노벨 박물관에는 이러한 노벨상 수상자들의 다양한 스토리와 삶의 애환을 소개할 뿐만 아니라 최근에는 과학과 예술의 융합이 시도되고 있다. '과학을 위한 디자인design for science'이라는 주제로, 현미경

• 독일의 막스 플랑크 연구소는 20세기의 최고의 물리학자이자 1918년 노벨물리학상 수상자인 막스 플랑크의 업적을 기리기 위해 1948년 설립된 독립적인 연구 법인이다. 기초연구를 장려하고 수많은 노벨상 수상자를 배출함으로써 세계적인 명성을 얻고 있다.

으로 찍은 세포 사진들을 활용한 스카프 디자인이나 연구 현장에서 얻어진 각종 데이터가 예술품으로 각색되어 전시되고 있다. 특히 '패션 이노베이션Fashion Innovation'이라는 이름으로 진행 중인 프로젝트는 매년 노벨 물리학상, 화학상, 생리의학상, 문학상, 경제학상 수상자들의 성과를 패션으로 해석하여 선보인다. 또한 왕립 음악 학교Royal college of Music 학생들은 노벨상 수상자들의 성과를 음악으로 표현하는 프로젝트를 수행하고 있다.

다채로운 사이아트Sci-art 전시물을 만날 수 있는 1층 카페의 의자를 뒤집어보면 노벨상 수상자들의 친필 사인을 찾을 수 있다. 또 박물

노벨 박물관의 내부.

관 내부에 마련된 기념품 가게에서는 초콜릿으로 만든 노벨상, 수류탄, 다이너마이트 모양의 캔디를 구매할 수 있고, 카페테리아에서는 노벨 만찬 때 수상자들에게 제공되는 특별 디저트도 맛볼 수 있다. 도시 스톡홀름에 가면 언제든 인류 최고의 창의성의 흔적들을 만날 수 있다.

| 제8장 |

워싱턴 DC : 스미스소미언 박물관

세계 최대 규모의 종합 박물관이자
연구·문화 기관

빌 게이츠, 아이폰, NASA, 마릴린 먼로, 스타벅스, 나이키, 앰파이어 스테이트 빌딩, 디즈니 영화, 9·11 테러. 미국 하면 떠오르는 단어와 상징은 무수히 많다. 그만큼 미국이라는 나라는 우리에게 익숙하게 다가와 있다. 세계 경제와 군사력은 물론이고, 음악과 예술 및 건축 그리고 음식 문화에 있어서도 미국의 영향력은 지대하다. 넓은 국토 면적을 자랑하는 국가에 걸맞게 끝이 보이지 않는 옥수수밭이 펼쳐지는가 하면, 며칠을 달려야만 도착하는 오지 마을도 있다. 또 '대형' 국가답게 '대형' 슈퍼마켓에서는 거의 모든 생활필수품이 '대형' 패키지로 판매되며, 심지어 햄버거도 다른 나라보다 거의 두 배 크기에 달한다. 하지만 미국이 어떤 의미에서 진짜 '대형' 국가인지를 아는 사람은 그리 많지 않다. 유럽 국가들에 비할 때 200년이라는 짧은 역사를 가진 미국이 어떻게 오늘날 초대형 국가로 자리매김했는지를 이해하기 위해서는 동부 포토맥 강이 유유히 흐르는 워싱턴 DC에 가 보면 알 수가 있다.

국회의사당과 백악관이 위치해 있어 세계 정치의 중심이자 미국의 입법 · 행정 · 사법부의 중심인 워싱턴 DC는 미합중국 초대 대통

워싱턴 DC의 전경.

령인 워싱턴이 남부의 불만을 받아들여 새로 건설한 도시다. 대통령의 이름을 기념하여 '워싱턴 컬럼비아 특별 자치구Washington, District of Columbia'로 불렸던 이곳은 원래 황량한 늪지와 초지가 대부분이었고, 워싱턴은 개인적으로 화려한 뉴욕을 떠나고 싶지 않았다. 하지만 연방정부의 안정을 위해서 새 수도를 건설하는 일을 미룰 수는 없었다. 프랑스의 저명한 건축설계사 피에르 랑팡로의 설계안에 따라 행정 수도 건설이 시작되었다. 아름답고 고풍스러운 건물로 오늘날 관광객의 발길이 끊이지 않는 백악관의 이름은 1812년 영미 전쟁 때 불에 타 버렸다가 복구하는 과정에서 건물 외벽을 하얗게 색칠한 데서 비롯되었고, 앞뜰의 로즈 가든은 역대 백악관 안주인 가운데 최고 멋쟁이로 꼽히는 재클린 케네디가 직접 디자인한 것이다.

하지만 백악관이나 국회의사당은 물론이고 의회 도서관* 이나 링컨 기념관, 케네디 대통령이 묻힌 알링턴 국립 묘지보다 워싱턴 DC를 더욱 유명하게 만드는 것은 바로 스미스소니언 재단Smithsonian Institute 이다. 파리에서 출생한 영국의 부유한 화학자 제임스 스미손James Smithson 이 남긴 거대한 유산에서 시작된 이곳은 국립 자연사박물관, 국립 역사 기술 박물관, 국립 항공 우주 박물관, 국립 동물원 등 19개의 박물관과 미술관 및 도서관을 구비하고, 모든 분야의 자료를 소장한 세계 최대 규모의 종합 박물관이자 연구·문화 기관이다.

부유한 귀족 집안이지만 비밀리에 태어나서 그 생일이 정확치 않은 스미손은 옥스퍼드 대학교에서 수학했고 화학, 광물학, 지질학에서 매우 다양한 연구를 수행한 과학자였다. 결혼도 하지 않았고 자녀도 없었던 그는 평생 한곳에 정착하지 못하고 여러 유럽 국가를 여행하는 방랑자의 삶을 살았다. 프랑스 대혁명기 동안에는 파리에 머물렀고, 나폴레옹 집권기에는 감옥에 투옥되었다. 과학과 지식이 사회의 행복과 번영을 가져오는 열쇠라고 믿었던 그는 과학자들이 인류에게 이익을 가져다주는 사람이라는 생각에서 '세계의 시민'이라 불렀다. 그는 뱀의 독, 화산의 화학, 여자의 눈물의 구성 요소, 커피를 잘 만드는 법 등을 포함하여 매우 흥미로운 연구들을 수행했다.

스미스소니언 재단에 속한 기관들 중에서 과학과 관련하여 가장

---

* 미국 국립 도서관으로 세계 최대 규모의 크기와 중요성을 가진 이곳은 최초로 건립된 토머스 제퍼슨관, 1938년에 개관한 존 애덤스관, 그리고 1981년에 개관하여 도서관 본부가 된 제임스 메디슨 기념관, 3개의 건물로 이루어졌다.

국립 항공 우주 박물관에 전시된 스페이스 셔틀, 디스커버리호.

흥미로운 것으로 국립 자연사박물관과 국립 항공 우주 박물관이 있다. 먼저 1946년에 문을 연 국립 항공 우주 박물관은 항공과 우주 및 천문을 주제로 한 과학박물관 중에서 가장 규모가 크고 역사적이다. 전 세계에서 운행되었던 항공기의 실물과 모형, 우주선 등과 함께 항공 우주과학의 발달과 관련된 다양한 자료와 정부 문서, 장비들을 보관·전시하고 있다. 입구에 들어서면 비행기들이 천장에 매달려 있어 마치 격납고에 들어가는 듯한 착각에 빠진다. 이곳을 대표하는 전시물로는 라이트 형제가 개발한 플라이어호Flyer 와• 찰스 린드버그Charles Lindbergh

• 플라이어호는 원래는 글라이더였는데 라이트 형제가 엔진과 프로펠러를 추가해 만들었다. 우리나라에도 2014년에 제주도에 설립된 항공 우주 박물관에 실제 크기의 플라이어 3호가 전시되어 있다.

가 타고 대서양을 횡단한 '세인트루이스 정신Spirit of St. Louis호' 그리고 아폴로 11호 달 착륙선이 있다.

레오나르도 다빈치 이래 비행의 역사에서 가장 큰 획을 긋는 기술자 형제인 오빌과 윌버 라이트는 어렸을 적에 아버지가 사다 주신 헬리콥터 장난감을 가지고 놀면서 비행에 대한 꿈을 키웠다고 한다. 종이와 대나무로 만들어졌고, 코르크와 고무줄로 회전날개를 돌리는 비행기가 망가지자 이들은 스스로 비행기를 만들어 보려는 시도를 하게 되었다. 이들 두 사람은 모두 고등학교에 진학했지만 둘 다 졸업은 하지 못했다. 형은 가족이 이사하는 바람에 그리고 동생은 말썽을 피운 바람에 최종학력은 고졸이 되지 못했다. 이들은 얼마 후 사업을 시작했는데, 처음에는 「웨스트사이드 뉴스WestSide News」라는 주간지를 만들다가 일간지도 발행하게 되었다. 하지만 사업이 여의치 않아 1892년부터는 자전거를 수리하고 판매하는 가게를 열었고 1896년에는 그들만의 브랜드로 자전거를 생산하기 시작했다. 가게가 성공을 거두자 이들은 항공 분야로 관심을 옮겼고, 신문과 잡지를 통해 독일의 오토 릴리엔탈Otto Lilienthal이 제작한 환상적인 글라이더 사진들을 수집하며 비행에 대한 꿈을 키웠다.

그런데 1896년에 항공학의 역사에서 중대한 세 가지 사건이 일어났다. 5월에 스미스소니언 연구소장인 새뮤얼 랭글리Samuel Langley가 무인 증기 항공기 비행을 성공시켰다. 그리고 시카고의 엔지니어이자 항공공학의 권위자인 옥바트 차누트Octave Chanute가 미시건 호수의 모래사장에서 다양한 글라이더를 시험하는 데 성공을 거두었다. 또 8월에는 글라이더를 타고 세계 최초로 하늘을 나는 데 성공했던 오토 릴

리엔탈이 안타깝게 추락사하는 사건이 발생했다. 이 일련의 사건들은 라이트 형제로 하여금 비행기 연구에 더욱 박차를 가하도록 자극했다. 그 결과 이들은 1903년 12월 17일에 노스캐롤라이나 주 키티호크 인근 칼데빌 언덕에서 직접 제작한 플라이어호를 타고 12초 동안 36.5m를 비행하는 데 성공했다. 세계 최초로 인간을 태운 기계가 자체 동력만으로 자유비행에 성공한 역사적인 순간이었다. 이들은 1906년 5월 22일에 '나는 기계'로 미국 특허를 획득했다.

1927년에는 뉴욕에서 파리까지 역사상 최초로 쉬지 않고 대서양을 횡단한 쾌거가 일어났다. 1919년에 뉴욕의 호텔왕인 레이먼드 오티크는 "뉴욕과 파리 구간을 무착륙 비행으로 성공한 사람에게 상금 2만 5,000달러를 주겠다."고 선언했다. 세인트루이스와 시카고를 오가며 우편물을 배달하던 25세의 청년, 찰스 린드버그가 도전장을 냈을 때는 이미 6명의 도전자가 사망했던 터였다. 주변에서는 그의 무모함을 말리느라 성화였지만 이 젊은이는 과감하게 도전에 응했다. 그는 비행기의 무게를 최대한 줄이기 위해 혼자 탑승했을 뿐만 아니라 라디오, 무전기 등 생존에 필요한 것들조차 비행기에 싣지 않았다. 물론 비행기의 이름은 그에게 기꺼이 투자해 준 세인트루이스 지역의 사업가들에게 감사를 표한다는 뜻에서 '세인트루이스 정신'이라고 붙였다. 그는 불굴의 정신으로 밤낮을 가리지 않고 33시간 30분 29.8초 만에 대서양을 횡단하는 데 성공했다. 에펠탑이 보이는 파리 르부르제 비행장에 착륙했을 때 그는 일약 스타가 되어 세계에서 가장 유명한 인물이 되었다. 그의 비행 이후 1년 만에 세계의 비행기가 4배, 승객수가 30배로 증가하는 쾌거가 이루어졌다.

비행기로 서로 다른 지역을 오고가는 일이 자유로워지자 인류의 꿈은 지구 밖에 있는 달을 향했다. 1957년 10월 4일 소련은 세계 최초로 지구 궤도 위에 인공위성 스푸트니크를 발사하는 것을 시작으로 우주 연구 개발* 에 돌입했다. 미국과 소련으로 양분된 냉전 시대에 일어난 사건으로 미국은 크게 자극받았으며, 1961년 케네디John F. Kennedy 대통령은 의회 연설에서 원대한 계획을 발표하기에 이른다. 10년 안에 인간을 달에 착륙시켰다가 무사히 귀환시키겠다는 것이었다. 이렇게 시작된 아폴로 계획은 1969년 7월 16일에 아폴로 11호를 달에 발사했고, 닐 암스트롱Neil Alden Armstrong 은 인류 최초로 달 표면에 도착하여 미국 국기를 꽂았다. 그는 "이 첫걸음은 한 인간에게 있어서는 작은 발걸음이지만 인류 전체에게 있어서는 아주 커다란 첫 도약입니다."라는 유명한 말을 남겼다.**

2015년 2월에 이곳 국립 항공 우주 박물관은 달 착륙 당시의 카메라 등 닐 암스트롱이 달 탐사에서 가지고 돌아온 물품들을 46년 만에 처음으로 공개했다. 닐 암스트롱의 가방은 그가 2012년에 세상을 떠난 뒤 부인 캐롤 여사가 유품을 정리하다가 발견한 것으로 4.5kg의 하얀 가방 속에는 총 17점의 물건이 담겨 있었다. 가방 안에는 달 착

---

* 소련은 첫 위성을 발사한 지 한 달 뒤에 무게 508kg의 스푸트니크 2호에 개를 태워 발사했다. 비록 지구로 다시 귀환하지는 못했지만 생명체를 실은 우주선을 발사해 우주를 비행하는 우주선에서 생명체가 생존할 수 있다는 것을 첫 번째로 보여 준 것이었다. 최초의 우주인인 유리 가가린은 1961년 4월 12일 보스토크 1호를 타고 1시간 29분 만에 지구의 상공을 일주하면서 우주에서 지구를 바라보며 "지구는 파랗다."라는 유명한 말을 남겼다.

** 1961년 5월 25일 케네디 대통령은 1970년대가 지나가기 전에 달에 인간을 착륙시킨 뒤 지구로 무사히 귀환시키는 목표를 내세웠고, 이로부터 시작된 아폴로 계획은 본격적으로 소련과의 우주 경쟁 시대를 열었다.

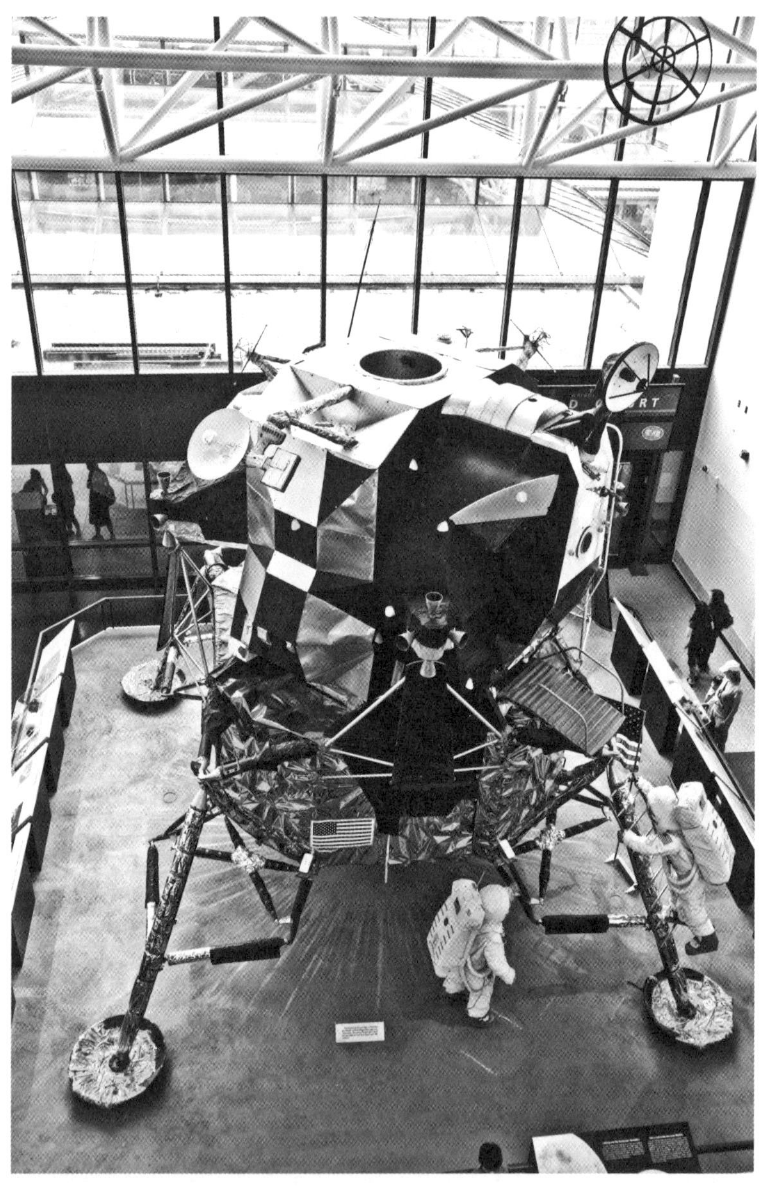

달 착륙선.

륙선 내부에 장착되어 달을 향해 내려가는 우주인들의 모습과 암스트롱이 달 표면에 첫발을 디디는 장면을 모두 촬영했던 16mm 카메라를 비롯하여 휴대용 다목적 손전등, 전선 케이블, 광학 관측용 기기 및 부속 장비들, 허리용 묶음 장치 등이 포함되어 있었다. 원래 카메라 등 달 관측과 관련된 장비들은 달에 두고 오는 것이 원칙이었는데, 닐 암스트롱의 가방은 그가 기념으로 가져온 것이라고 한다. 닐 암스트롱은 1969년에 달에 같이 갔던 동료 마이클 콜린스, 닐 에드윈 알드린과 함께 리처드 닉슨 미국 대통령의 특사 자격으로 한국을 방문한 적이 있다.

이곳 항공 우주 박물관에서는 대기권 상공에서 지구의 모습을 내려다보거나 우주선을 타고 우주 비행을 하는 등의 간접 체험을 할 수 있는 아이맥스 영화관이 있고, 태양계 이외의 천체를 살펴볼 수 있는 플래나타리움도 마련되어 있다.

스미스소니언 기관들 중 가장 대중적 인기를 얻는 곳은 단연 자연사박물관이다. 지구의 탄생부터 현재에 이르기까지 각종 동물, 식물, 광물 등을 전시하는 이곳은 1946년에 스미스소니언 재단에 합류한 이래 세계 최대 규모를 자랑한다. 스미스소니언 박물관의 소장품 중 88%인 1억 2,600만 개의 전시품을 소장한 이곳에 들어서면 중앙 로비의 거대한 코끼리가 관람객들을 맞이한다. 1층 왼쪽에 위치한 포유동물관에서는 금방이라도 움직이며 다가올 것 같은 크고 작은 포유류 동물들이 육지와 하늘이라는 자연환경과 잘 어우러져 전시되어 있다. 나란히 마련된 해양관에 들어서면 천장에 매달린 거대한 고래와 오징어가 매우 인상적이며, 바다에 살고 있는 670여 종의 각종 해양

스미스소니언 자연사박물관 입구.

동물도 전시되어 있다. 해양생태계 모두를 한눈에 볼 수 있게 마련된 이곳에 들어서면 마치 신비로운 바닷속에 여행을 온 듯한 착각을 일으키게 된다.

박물관 2층에는 지질학, 광물, 이집트 미라, 곤충 전시관이 자리하고 있다. 이들 중 특히 전 세계인의 관심을 끄는 것은 살아 있는 나비와 나비 표본을 전시한 공간이다. 나비의 모습을 직접 관찰할 수 있는 나비 파빌리온Butterfly Pavilion에서는 형형색색의 아름다움을 자랑하는 전 세계의 나비들을 만날 수 있다. 나비가 지난 수천 년 동안 어떻게 변화하고 다양화되었는지 생생하게 체험할 수 있는 이곳에서는 나비를 모티프로 한 수많은 상품도 뮤지엄 숍에서 판매되고 있다. 영국의 자연환경 센터가 수행한 조사 결과에 따르면 지난 40여 년 동안 나비의 일부 종류는 71%, 새의 일부 종류는 54%, 자생식물은 28% 감소한 것으로 나타났다. 이곳 자연사박물관은 나비에 관한 전시뿐 아니라 관련 연구를 심도 있게 수행한다. 왜냐하면 나비에게 일어나는 일은 다른 곤충에 어떤 일이 일어나고 있는지를 알려 주는 좋은 지표이며 이를 통해 지구 생태계를 전반적으로 파악할 수 있기 때문이다.

한때 지구상에 살았던 동식물 표본보다 더 흥미로운 전시물로 화려하고 아름다운 광물이 있다. 특히 이곳에는 45캐럿이 넘는 세계 최대의 다이아몬드인 '희망 다이아몬드hope diamond'를 보기 위해 관광객의 발길이 끊이지 않는다. 인도의 황무지를 개척하던 한 농부가 발견했다는 희망 다이아몬드는 17세기에 루이 14세에게 팔린 이후 왕의 보석Le Bijou du Roi으로 불렸고, 루이 16세 때 도난당했으며, 경매를 통해 영국으로 넘어가 조지 4세의 소유가 되었다가 다시 미국으로 옮겨 갔다. 이런 역사 속에서 주인들이 대부분 사망하는 바람에 저주의 다이아몬드, 마법의 다이아몬드라는 악명을 얻게 되었다. 아름답고 신비한 빛 때문에 프랑스의 푸른빛Le Blue de France으로도 불렸던 이 다이아몬드는 1958년에 박물관 소속 광물학자의 설득에 감동받은 보석상 해리 윈스톤이 박물관에 기증한 이후 해리 윈스톤 갤러리에 보존되어 있다.

또 이곳 자연사박물관이 대중적 인기를 얻는 이유는, 직원들과 관람객이 모두 사라지는 밤이 되면 박제되었던 동물들이 생기를 얻어 살아난다는 영화 〈박물관이 살아 있다2Night at the museum 2: Battle of the Smithsonian〉의 배경 무대이기 때문이다.

또한 스미스소니언 박물관이 한국 사람에게 특별히 의미 있는 이

자연사박물관에 전시된 티라노사우루스 렉스.

유는 이곳에 마련된 한국관 때문이다. 2007년 6월에 개관한 한국관은 규모는 크지 않지만 한국의 복식과 옷감, 예술품과 문화 유물 등 다양한 문화유산을 전시함으로써 미국인은 물론 전 세계 관광객에게 한국 문화를 알리는 선봉장 역할을 해 왔다. 한국관 전시는 스미스소니언 재단 입장에서도 매우 예외적인 경우인 만큼 워싱턴 DC에 가게 되면 꼭 방문해 보아야 할 곳이다.

| 제9장 |

뮌헨 : 도이체스 박물관

정부와 산업체의 탁월한 조화가 낳은 이상적인 박물관

1990년 10월 3일은 세계 역사에서 중요한 날이다. 전쟁 이후 45년간 동서 독일을 가로막고 있던 베를린 장벽이 무너진 것이다. 당시 베를린의 브란덴부르크 문 옆에 위치한 제국의회 의사당 광장에는 수십만의 인파가 모여든 가운데 동·서독 지도자들이 나란히 줄지어 서 있었다. 곧이어 국기 게양대에 독일 국기인 삼색기가 천천히 게양되었고, 군중들은 일제히 독일 국가를 합창했다. 분단되었던 독일이 통일되는 극적인 순간이었고, 전 세계 사람들은 환호와 감동의 눈물로 마음속 깊이 응원했다. 20세기 역사에서 최고로 감동적인 장면 중 하나로 기억될 이 사건은 독일 수도 베를린에서 일어났다. 독일은 제1·2차 세계대전을 일으킨 나라인지라 독일의 도시들에는 특히 전쟁의 기억과 연관된 것들이 많다. 하지만 독일에서 세 번째로 큰 도시 뮌헨은 세계 사람들이 가장 이민을 가고 싶은 도시, 가장 살고 싶은 도시로 꼽을 정도로 독일에서는 경제적·문화적으로 풍요로운 도시다.

옛 독일어로 '수도승들의 공간'이라는 뜻을 가진 무니헨 Munichen에서 유래하여 뮌헨으로 이름 붙여진 이 도시를 기억하는 방법은 아주 다양할 테지만, 특히 축구팬들에게는 잊을 수 없는 도시일 것이다. 전설적인 잉글랜드 프로축구 팀 맨체스터 유나이티드의 선수단이 1958년 2월 유고슬라비아에서 열린 유로피언컵 대회를 마치고 돌아가다가 8명의 선수를 잃은 '뮌헨 참사'가 일어났기 때문이다. 선수단이 탄 비행기가 뮌헨-리엠 공항에서 급유를 위해 잠시 착륙했는데, 급유를 마친 비행기가 이륙에 두 번이나 실패한 것이다. 세 번째 시도 때에는 충분한 높이까지 날아오르지 못하고 인근 민가에 추락하고 말았다. '버스비의 아이들'로 불리며 유럽 무대를 휘저었던 맨체스터 선수들의 사망은 팬들에게 엄청난 충격이었다. 심지어 사건이 발생한 이후에 팬이 자살하는 안타까운 사건까지 일어났다. 지금도 맨체스터 유나이티드의 홈구장 올드 트래퍼드에는 뮌헨 참사가 발생한 시간인 3시 30분에 멈춰진 시계가 걸려 있다. 이것을 누르면 뮌헨 참사 희생자들의 생전 모습이 담긴 추모 영상을 볼 수 있다.

뮌헨에서는 해마다 가을이 되면 대규모 축제인 옥토버페스트Oktoberfest가 열린다. 세계에서 가장 규모가 큰 민속 축제이자 맥주 축제로 매년 9월 15일 이후에 돌아오는 토요일부터 10월 첫째 일요일까지 계속된다. 1810년부터 시작된 이 축제는 화려하게 치장한 마차와 악단의 행진으로 시작되며, 민속 의상을 차려입은 시민과 방문객들이 어우러져 시가행진을 벌인다. 축제 기간에는 회전목마, 대관람차, 롤러코스터 같은 놀이 기구 80종을 포함해 서커스, 팬터마임, 영화 상영회, 음악회 등 남녀노소가 함께할 수 있는 볼거리와 즐길거리가 마련된다. 이 축제가 세계적인 맥주 축제가 된 데에는 뮌헨을 대표하는 6대 맥주 회사가 후원하기 때문이다. 축제에 참여하는 맥주 회사들은 시중에 유통되는 맥주보다 알코올 함량이 높은 축제용 맥주를 특별히 준비하고 최대 1만 명을 수용할 수 있는 거대한 천막을 세워 맥주를 판매한다. 축제 기간 동안 팔려 나간 맥주는 평균적으로 약 700만 잔에 달한다고 한다. 커다란 맥주잔과 흥겨운 노래와 춤으로 뮌헨은 한동안 가장 즐거운 도시가 되는 것이다.

그런데 사실 독일은 과학기술의 시각에서 볼 때 19세기까지만 해도 그 존재감이 매우 미미했다. 16세기의 이탈리아에는, 망원경을 제작하여 메디치 가문에 헌사하며 천문학 혁명의 실증적 증거를 제시한 갈릴레오가 있었다. 17세기 영국에는, 만유인력의 법칙을 발견하면서 근대 과학을 선도한 아이작 뉴턴이 있었고, 18세기 프랑스에는 근대 화학의 꽃을 화려하게 피운 비운의 과학자 라부아지에가 있었다. 하지만 19세기 이전의 독일에서는 딱히 내세울 만한 과학자의 이름을 찾기가 쉽지 않다. 심지어 과학자들의 주된 무대인 베를린 과학 아카데

뮌헨의 풍경.

미Berlin Academy of Science[•] 에서 활동하던 과학자들도 대부분 프랑스 출신이었다. 오히려 독일은 17세기 프러시아에서 활동하며 천문학 혁명을 완성한 케플러를 신교도라는 이유로 떠나보냈고, 상대성이론의 주창자인 아인슈타인을 유대 인이라는 이유로 미국으로 내몰기도 했다.

이러한 독일이 현대 문명의 중심 국가로 등장하게 된 것은 1872년에 뒤늦은 통일을 맞이하면서다. 당시 프로이센의 교육부 장관이던 훔볼트를 비롯한 신인문주의자들은 독일의 후진성을 극복하기 위해서는 대학 및 중등학교의 교육 개혁이 절실하다고 느꼈다. 그는 '대학의 의무는 지식의 주입이나 전수가 아니라 적극적으로 새로운 진리를 추구하고 헌신하는 곳'이며 이를 위해 자율성을 부여해야 한다고 주장했다. 대학의 근대적 이상[••] 을 실천하기 위해 그는 국가의 막대한 지원을 아끼지 않았으며 1809년에 설립된 베를린 대학교의 개혁에 나섰다.[•••] 그 결과 독일의 대학에는 훌륭한 실험 시설, 강의실, 실험 실습실이 마련되었으며, 정교수-부교수-사강사-조교라는 일련의 대학 직급 체계도 역사상 처음으로 마련되었다. 오늘날 우리에게 익숙한 '세미나'나 '콜로키움'이라는 개념도 이때 독일의 대학에서부터 시작

• 베를린 과학 아카데미는 영국의 왕립 학회(1660년), 프랑스의 왕립 과학 아카데미(1666년)에 이어 1700년에 라이프니츠 등을 중심으로 설립되었다.

•• 12세기부터 등장한 유럽의 대학이 전통적으로 추구하던 바가 지식의 전수와 교육이었다고 한다면, 19세기 독일 대학에서는 연구 활동을 주된 이상으로 삼았다. 이로부터 대학의 본질은 교육과 연구라는 두 개의 축을 추구하게 되었다.

••• 독일에서는 대학이 17세기 이후에 설립되었다. 이탈리아의 파두아 대학교와 피사 대학교, 영국의 옥스퍼드 대학교와 케임브리지 대학교, 프랑스의 파리 대학교 등이 11~12세기에 설립된 것과는 상당한 대조를 이룬다.

되었다. 독일 대학은 짧은 기간 동안 놀라운 질적 성장을 이루면서 오늘날과 같은 과학 연구의 세계적 메카로 자리 잡았다. 하이젠베르크, 막스 플랑크, 막스보른, 아인슈타인 등 20세기 초반을 대표하는 물리학자와 수학자들의 절대 다수가 독일인이라는 사실은 바로 이러한 의도적인 혁신의 결과라 할 수 있다.*

1903년에 독일 공학자 협회Verein Deutscher Ingenieure: VDI의 정기 모임에서 오스카 폰 밀러Oskar von Miller가 제안한 국립 과학 및 산업 박물관은 바로 이러한 독일의 의도적인 노력과 맞닿아 있다. 짧은 기간 동안 급성장한 독일의 현주소를 국민에게 직접 보여 줌으로써 독일인으로서 자긍심과 일체감을 느끼게 하자는 취지였다. 과학과 산업, 공학과 기술이 모두 어우러진 세계 최대의 과학 산업 박물관 중 하나인 이곳은 제1차 세계대전의 패배와 최악의 인플레이션이라는 경제적 위기를 겪으면서 22년 만인 1925년에 개관되었다. 전기기술자인 폰 밀러는 1882년에 뮌헨에서 개최된 전기공학 박람회 때 세계 최초로 마일바흐에서 뮌헨까지 57km에 달하는 고압 전류선을 설치하여 유명해졌다.

박물관 설립을 위해 폰 밀러는 정부 관료와 대학교수 및 학자 그리고 산업계 인사들을 설득하여 기금을 모았다. 여기에 뮌헨 시가 오

* 제2차 세계대전 이전까지 노벨물리학상 45회 중 10회, 화학상 40회 중 16회를 독일인이 수상하였다. 그러나 1933년 사회주의로 인하여 훌륭한 과학 두뇌들이 독일을 떠나 대부분 미국으로 건너갔고 독일은 이러한 인재 유출로 인한 손실을 막고 다시 세계 과학계의 선두로 복귀하기 위해 많은 노력을 기울여야 했다.

도이체스 박물관의 전경.

늘날 박물관 섬으로 불리는 모래섬을 기증하였고,• 황제 빌헬름 2세가 초석을 놓았으며 막스 플랑크 등 독일을 대표하는 과학자들이 자문위원으로 참여하였다. 폰 밀러는 1918년부터 1924년까지 프로젝트 매니저가 되어 박물관을 위한 예산 확보와 전시물의 기획 그리고 전시 공간의 구축 등 세부적인 일을 직접 챙겼다. 그가 70번째 생일을 기념하던 날에 자연과학과 기술의 대표 명품을 위한 도이체스 박물관이

• 도이체스 박물관 본관은 이자르 강에 있는 작은 섬에 위치해 있는데, 이 섬은 중세 이래 뗏목을 이용하던 곳으로 홍수가 자주 일어났기 때문에 1772년까지 어떤 건물도 세워지지 않았다. 1772년 섬에 이자르 막사가 처음 세워졌고, 1903년 뮌헨 시 의회는 이 섬에 도이체스 박물관을 건립할 것을 발표했다.

정식 개관했다.● 폰 밀러가 평생 꿈꾸던 과업이 완성된 것이다. 그의 열정과 노력 그리고 고민과 손길의 흔적은 오늘날의 뮌헨 곳곳에서도 만날 수 있다.

도이체스 박물관은 아자르 섬에 위치한 본관과 뮌헨 시내에 위치한 3개의 과학관으로 구성되어 있다. 1945년 이래 독일의 과학기술 분야를 주로 전시하던 본 과학 센터가 도이체스 박물관 본관으로 통합되었으며, 뮌헨 시내 중심에서 북쪽으로 18km 떨어진 곳에는 도이체스 박물관 항공관이 자리한다. 원래 이곳은 제1차 세계대전 이전에 세워진 독일 최초의 공군 기지 중 하나였다. 2003년에는 도이체스 박물관 교통관이 새로 개관했는데 운송·여행·이동에 사용되는 기술, 교통과 관련한 각종 과학 원리 및 기술을 다루고 있다. 1층에 들어서면 마치 거대한 도시 안에 들어와 있는 것처럼 다양한 기차와 자동차·자전거·신호등·교통표지판·화물 오토바이·마차·헬기 등의 모든 교통수단을 만날 수 있다. 특히 융프라우를 오르내리던 실제 산악열차 전시물은 열차의 원리를 기초부터 상세하게 설명하고 있고, 직접 작동해 볼 수 있도록 하여 관람객의 이해를 돕는다.

섬에 위치한 본관 건물에는 항공·자동차·선박·컴퓨터·천문학 등 1만 7,000여 점의 전시품과 6만 점의 소장품 그리고 2,000개의 전시물이 보관되어 있다. 모두 50여 개에 달하는 전시관에는 물리학·화학·생물학·지구과학 등을 다루는 자연과학관, 인류의 역사와 함께

● 도이체스 박물관은 1944년 전쟁 기간 동안에 폭격을 받아 건물의 80%, 전시물의 20%가 피해를 입었다.

악기관.

해 온 재료와 산업의 역사관, 에너지관, 교통통신관 등이 마련되어 있다. 가장 규모가 큰 전시물은 금속 관련 기계와 장비, 자동차와 오토바이 등을 다룬 기계관이며, 키보드 방·현악기 방·목관악기 방·동관악기 방·울려 퍼지는 악기 방·기술적 악기 방 등으로 구분되는 악기관도 흥미롭다. '명예의 전당'에서는 인류 문명과 함께해 온 과학인의 사진과 업적을 전시함으로써 과학기술과 산업 발전의 생생한 역사를 되돌아볼 수 있게 해 준다.

이곳 전시물 중 가장 규모가 크고 대표적인 것은 독일의 발전에 기여한 광산업의 현실을 보여 주는 광업관이다. 실물 크기로 광산을 재현하고 광산업에 사용되는 다양한 기구들을 전시해 놓은 이 전시관은 1960~1970년대에 독일로 건너간 한국의 광부들과 간호사들을 기억하게 한다. 좁은 폭의 광산 터널을 따라 900m나 걸어 들어가면 암

암염덩어리를 캐는 모습.

염을 캐는 광산과 석탄을 캐는 광부들의 모습이 재현된다. 소금은 바다에서만 나오는 것이 아닌데 땅속에 암염 덩어리로 존재하는 것을 광부들이 캐내어 가공하기도 한다. 또 1950년대에 사용되었던 석탄 화물차가 수직에 가까운 갱도를 내려가는 모습도 전시되어 있으며, 오늘날 탄광 개발에 사용되는 첨단 기계도 함께 전시되어 있다. 갱도와 갱도 사이의 전시 공간에는 채굴한 원석을 처리하는 과정을 보여준다.

역학 전시관의 대표 전시물로는 '갈릴레오의 실험실'과 독일 과학의 수준을 한꺼번에 두세 단계 상승시킨 실험화학자 리비히의 실험실을 본뜬 '리비히의 실험실'이 있다. 리비히는 '유기화학의 아버지'로 불릴 뿐만 아니라 대학에서 학생들을 획기적으로 교육하는 방식을 도입함으로써 19세기 독일을 세계적인 화학의 메카로 만든 인물이다. 어릴 때부터 아버지가 운영하는 염료 공장에서 가져온 화학 물질을 가지고 놀았던 리비히는 1820년에 화학자가 되기 위해 본 대학에 입학했다. 하지만 이듬해 카스터너 교수를 따라 에를랑겐 대학으로 전학할 수밖에 없었고, 도중에 학생운동에 가담하는 바람에 퇴학을 당했다. 만약 그를 아끼던 카스터너의 추천으로 화학의 본고장이던 파리 소르본 대학교에서 강의를 들을 수 없었다면 그의 운명과 독일 과학의 운명은 크게 달라졌을 것이다. 그는 거기서 게이뤼삭Joseph Louis Gay-Lussac• 으로부터 분석화학 방법을 배우는 매우 귀중한 기회를 갖게 되었다. 젊고 전도유망한 리비히는 1824년에 귀국하여 21세의 나이로 기센 대학교의 조교수가 되었고 2년 뒤에는 정교수가 되었다. 이제 그는 처음으로 대학에 유기화학 실험실을 만들고 화학 연구 방법을 체계적으로 가르치기 시작했다.

리비히의 실험실은 곧 유명해졌고 전 유럽에서 화학을 공부하고 싶은 학생들이 찾아들었다. 그는 도제 방식으로 진행되던 학생 지도 방식을 전면적으로 개혁하여 실험실에서 교수의 지도하에 연구 방법을 체득케 하는 새로운 교육을 실시했다. 즉 리비히는 오늘날 대학에서처럼 박사 과정의 학생이 연구 주제를 정하고, 구체적인 실험을 수행하여 그 연구 결과를 논문으로 제출함으로써 학위를 인정받는 교육 제도를 처음으로 도입한 것이다. 그의 학생들 중에는 호프만August

• 게이뤼삭은 프랑스 최고의 이공계 대학인 에콜 폴리테크닉을 졸업하였고, 1808년에 '기체는 아주 간단한 비율로 결합하며, 이때 생기는 부피의 감소는 기체들의 부피나 적어도 어느 한 기체의 부피와 간단한 정수비가 성립된다'는 배수비례의 법칙 또는 게이뤼삭 법칙을 발견했다.

Wilhelm von Hoffmann과 벤젠고리가 6개의 탄소로 이루어졌다는 사실을 처음으로 밝혀낸 케쿨레August Kekule von Stradonitz• 등 세계적인 화학자가 아주 많았다. 호프만은 아닐린을 연구하면서 염료 산업의 기초를 마련했으며, 영국의 퍼킨Sir William Henry Perkin•• 을 제자로 키워 냈다. 리비히의 실험실을 중심으로 급성장한 독일 화학은 화학 분야의 무게 중심을 아예 프랑스에서 독일로 옮겨 오게 했으며, 탄소화합물을 다루는 본격적인 유기화학의 시대를 열었다.

리비히의 가장 중요한 업적 중 하나는 우리 몸의 탄수화물이나 단백질은 몸 밖의 물, 이산화탄소 등 무기물질로부터 만들어진 것이라는 것이다. 또 식물이 공기로부터 얻는 이산화탄소와 뿌리로부터 얻는 질소화합물과 미네랄을 가지고 성장한다는 것이다. 그는 조만간에 당, 아스피린, 몰핀 등 천연물을 인공적으로 합성하는 날이 올 것이라고 확신했다. 실제로 1828년에 리비히의 절친한 친구였던 뵐러Friedrich WÖhler는 생체에서만 만들어진다고 여겨졌던 소변의 주성분인 요산尿素을 무기물인 시안산암모늄을 가열하여 실험실에서 인공적으로 합성하는 데 성공했다. 또 리비히는 1838년부터 화합물로 만들어진 인공비료를 만들어 냈고,••• 화학 산업이 제2차 산업혁명의 핵심임을 강조

• 케큘레는 건축가의 꿈을 안고 기센 대학교에 입학했다가 리비히의 영향을 받아 화학 전공으로 방향을 바꾸었다. 어느 날 밤 그는 뱀이 스스로의 꼬리를 물고 빙빙 돌며 움직이는 것과 비슷한 모양을 한 벤젠 분자의 꿈을 꾸었다고 한다.

•• 퍼킨은 자신이 발명한 인공 염료의 이름을 아닐린 퍼플(aniline purple)로 정했지만 나중에 보랏빛이 나는 우아한 색깔을 뜻하는 모브(mauve)로 바꾸었는데, 모브로 인해 염료 산업의 대혁신이 일어났다.

••• 리비히가 연구했던 인공 비료가 실제로 대규모로 생산된 것은 하버가 공기 중에 있는 질소를 고정시키는 방법을 개발한 이후다. 하버는 1918년에 합성 암모니아법을 개발한 공로로 노벨화학상을 받았다

하면서 "한 국가의 부富는 그 국가에서 생산되는 황산의 양으로 측정될 수 있다."고 말하기도 했다.•

오늘날 기센 대학교는 리비히-기센 대학교로 불리기도 한다. 이는 리비히가 기센 대학교에 기여한 바가 얼마나 큰지를 잘 말해 준다. 아직도 기센 대학에는 그가 1824년에서 1852년까지 교수로 재임하는 동안 사용했던 실험실이 남아 있다. 1920년에 리비히 박물관으로 문을 연 그의 실험실은 2003년에 독일 화학자 연합회가 선정한 '화학 역사의 중요한 10대 장소' 중 하나다. 이곳에 가면 기센의 기구 제조업자가 리비히를 위해 특별히 제작한 정밀 분석 저울을 볼 수 있고, 리비히의 최고 발명품으로 꼽히는 다섯 개의 공으로 이루어진 시험관도 있다. 도이체스 박물관의 '리비히의 실험실'에는 이 모든 것들이 재현되어 있다.

전시물 중에서 또 흥미로운 것은 '마그데부르크의 반구Magdeburg hemisphere'다. 마그데부르크는 독일에 있는 한 도시의 이름이다. 1654년에 도시의 시장으로 재임했던 오토 폰 게리케Otto von Guericke는 황제 페르디난트 3세가 지켜보는 가운데 유명한 물리 실험을 수행했다. 그것은 대기압의 크기를 보여 주는 것으로 진공을 만드는 기구였다. 그는 이미 1650년에 공기 펌프를 발명하여 부분 진공을 만들었고, 빛은 진공 속을 통과하지만 소리는 통과하지 못한다는 사실도 밝혔다. 그에

• 암모니아는 식량 증산에 필요한 비료뿐만 아니라 화약 제조에 필수적인 질산의 원료로도 중요하다. 제1차 세계대전 직전에 독일은 수많은 화약 공장을 세우고 염소를 원료로 한 독가스를 개발했다. 1915년 4월 22일에 벨기에 전선에서 세계 최초로 독가스가 살포됐으며 5,000명이 사망하고 1만 5,000명이 중독되었다. 인류 복지를 위해 진보한 과학이 파괴의 목적으로 사용된 안타까운 사례다.

앞서 토리첼리는 1643년에 수은 기압계를 제작하여 최초로 실험실에서 진공 상태를 유지하는 데 성공했고,• 게리케는 진공 펌프를 제작하여 진공 상태의 힘의 크기를 보여 주는 실험을 수행했다.

마그데부르크의 반구는 지름 약 35㎝의 구리로 만든 2개의 반구를 만들어 꼭 맞추고, 한쪽 반구에는 밸브를 만들어 내부의 공기를 모두 빼낸 것이다. 진공 상태로 된 두 반구의 내부는 외부의 대기압에 눌려 단단하게 밀착되기 때문에 반구를 다시 떼어 내기 위해서는 엄청난 힘이 필요하다. 그는 반구를 떼어 내기 위해 양쪽 반구의 끝에 여러 마리의 말을 묶고 채찍질하여 서로 다른 방향으로 달리게 했다. 말의 숫자를 점차 늘려가다가 결국 두 반구가 떨어졌는데, 그때 사용된 말이 각각 8마리씩 총 16마리였다. 기압의 힘이 얼마나 큰지를 많은 사람들 앞에서 증명해 준 대규모 공개 실험이었다. 당시 게리케가 마그데부르크 시의 시장이었다는 이유로 이 반구는 나중에 마그데부르크의 반구로 불리게 되었다.

독일이 제1·2차 세계대전의 가장 뜨거운 중심에 있었던 만큼 도이체스 박물관에는 전쟁 중에 개발되거나 실제 전투에 사용된 전시물도 많다. 독일 하면 아무래도 가장 먼저 떠오르는 것이 수많은 영화의 단골 소재로 등장하는 잠수함 유보트U-boat다. 유보트는 두 차례 세계대전 당시에 독일 해군이 운용한 잠수함이지만 사실은 19세기 중반에

• 토리첼리는 긴 유리관에 수은을 가득 채우고, 그 유리관을 수은이 담긴 그릇 안에 뒤집어 세운 다음 긴 유리관을 기울여 가면서 수은 기둥의 높이를 측정하였다. 이때 수은 기둥의 높이가 항상 일정하게 760mm가 나왔다. 토리첼리는 이 현상을 수은 기둥의 무게가 대기와 평형을 이루기 때문이라고 설명하였다. 이때 유리관의 위쪽, 즉 수은이 없는 빈 공간은 '토리첼리의 진공'이라 부른다.

도이체스 박물관에 전시된 유보트.

개발되었다. 바다 밑의 선박을 뜻하는 '운더제보트Unterseeboot'란 독일어의 약자에서 비롯된 유보트는 평상시에는 해상으로 항해하다가 '필요한 때에 잠수할 수 있는 배' 혹은 '잠수가 가능한 배'로 알려졌다.• 유보트는 대서양에서 늑대 떼 전술을 사용해서 연합군의 수송선을 공격했고, 미국과 영국을 오고가는 선박들을 공격했다. 유보트의 피해가 갈수록 커졌던 결정적인 이유는 유보트들 간에 '애니그마'라는 암호가 사용되었기 때문이다. 커다란 타자기처럼 생긴 애니그마 기계가 알파벳을 이해할 수 없는 글자로 변화시키는데, 이 암호 조합을 정해진 시간 내에 해독하는 일은 불가능에 가깝도록 어려웠다. 당연히 연합군 측에서는 애니그마를 해독하는 일이 매우 시급한 과제였다.

• 2013년에 인도네시아의 자바 해안 부근에서 유보트 U-168호 잔해가 발견되었다. 연구자들은 잔해에서 쌍안경, 배터리, 17구의 유골과 나치 휘장이 있는 접시들을 발견하고 이 유보트가 호주를 향하던 도중에 네덜란드 잠수함의 어뢰 공격을 받은 것으로 추정했다.

한편, 1939년 영국 런던에는 독일군의 암호 체계를 해독하기 위해 수학자, 과학자, 기술자 등 당시 이름 있는 최고의 지성들을 모은 집단, '캠프 블레츨리 파크Bletchley Park'가 조성되었다. 옥스퍼드 대학교와 케임브리지 대학교 중간에 위치했던 이곳에서는 비밀리에 '울트라 작전'을 수행했는데, 가장 활발했던 때에는 1만 명에 가까운 인력이 머물렀다. 물론 이 일은 영국의 대표적인 수학자이자 논리학자이고 암호학자였던 앨런 튜링이 담당했다. 그는 진공관을 이용하여 세계 최초의 연산 컴퓨터에 해당하는 '콜로서스'• 를 개발했는데, 이 암호 해독 기계는 도청한 독일군의 메시지를 1초에 5,000단어씩 빠른 속도로 해독했다. 결국 1944년에 영국군이 독일군의 암호를 해독하여 제2차 세계대전을 승리로 이끌게 되는 노르망디 상륙 작전을 감행할 수 있었다. 당시 영국을 승전으로 이끈 윈스턴 처칠 경은 회고록에서 "제2차 세계대전 중에 나를 가장 두렵게 한 것은 유보트였다."고 했으며, 독일의 위협을 저지한 단 한 사람을 꼽으라는 질문에 주저 없이 앨런 튜링을 지목했다.

하지만 컴퓨터를 개발한 천재 앨런 튜링은 너무나도 비참하게 그리고 갑자기 비극적으로 생을 마감하고 말았다. 그와 함께 생활하던 남자 파트너가 범죄 집단과 어울리다가 경찰에 붙잡히는 바람에 앨런 튜링의 사생활이 노출되고 말았던 것이다. 동성애자임이 밝혀진 튜링

• 세계 최초의 컴퓨터는 무엇인가에 대해 현재 의견이 분분한 가운데 1944년 2월에 첫 가동이 되었다는 사실이 확인된 콜로서스 마크1(Colossus Mark 1)이 주류를 이루고 있다. 예전에는 미국 최초의 대규모 자동 컴퓨터인 하버드 마크 1(Harvard Mark I)이 최초의 컴퓨터라고 알려지기도 했는데, 이 컴퓨터는 1944년 2월 하버드 대학에 도착한 뒤 그해 5월에 처음으로 가동되었으며 8월에 공개된 것으로 밝혀졌다.

에게는 가혹한 처벌이 뒤따랐다. 법원은 그에게 화학적 거세를 선고했으며, 그는 컴퓨터를 개발하는 것과 관련된 모든 일로부터 일체 손을 떼야 했다. 그의 이름은 세상에서 다시 언급되어서는 안 될 금기 사항이 되었다. 좌절하다 못한 앨런 튜링은 동화의 한 장면처럼 청산가리 독이 든 사과를 베어 물고 영원히 이 세상을 떠나 버리고 말았다. 그로부터 61년 후인 2013년에 영국 엘리자베스 여왕은 "그는 명석하고 특별한 인물이었다."면서 12월 24일자로 사면을 공식 선언했다. 이로써 정보 통신 기술의 시대를 열었던 천재 과학자 앨런 튜링의 명예가 정식으로 회복되었다. 많은 인기를 누렸던 영화 〈이미테이션 게임〉은 애니그마를 풀기 위해 튜링이 겪었던 갈등과 좌절 그리고 기쁨과 사랑을 잘 그리고 있다.

도이체스 박물관은 연방 정부와 지방 정부 그리고 산업체가 조화로운 협력을 통해 설립한 이상적인 곳으로, 과학기술을 통한 산업의 역사를 보여 주는 종합 과학 · 산업관이다. 최근 이곳에서는 과학기술 지식의 직접적인 생산자인 과학기술자들의 참여가 눈에 띄게 활발하다. 과학기술과 사회 간의 진짜 '대화'가 시작되고 있는 것이다. 이는 과학기술이 관람하고 이해하는 즐거움의 대상을 넘어 우리 모두가 참여하고 행동하고 고민해야 하는 이유임을 말해 주고 있다. 도이체스 박물관은 1920년대에 미국을 비롯한 북아메리카 대륙의 과학·산업 박물관 설립에 지대한 영향을 미쳤던 것처럼 21세기에도 과학기술과 사회의 소통을 위해 가장 발 빠르게 움직이고 있다.

| 제10장 |

도쿄 : 미라이칸

'세상을 보는 렌즈로써의 과학'을 표방하는 아시아 대표 과학관

서구의 과학기술을 빠르게 도입하여 아시아에서 가장 먼저 기초과학의 토대를 마련하고, 한동안 세계 경제를 좌지우지했던 일본에는 전 세계 관광객의 관심을 모으는 여러 도시가 있다. 단연 으뜸으로는 흐드러지게 피는 벚꽃 길과 문제 작가인 미시마 유키오의 소설 제목으로 유명한 금각사의 교토와 1869년부터 일본의 수도로 지정된 도쿄다. 교토의 동쪽에 위치하여 이름 지어졌다는 도쿄는 고양이의 도시라는 애칭에 어울리게 도시 곳곳에 고양이 빌딩, 고양이 조각, 고양이 버스, 고양이 수도꼭지, 고양이 공원 등이 펼쳐져 있다.

고양이를 특히 사랑하는 이 도시의 분위기는 19세기 일본 지식인들이 직면한 근대화의 혼란을 날카로운 시선으로 기록한 나스메 소세키의 소설을 통해 짐작할 수 있다. '일본의 셰익스피어'라 불리는 그는 『나는 고양이로소이다』에서 고양이의 눈으로 인간 세상을 바라보며 통쾌하게 풍자했는데, 교토의 어느 골목에선가 그 고양이가 불쑥 튀어나올 것만 같다.

도쿄는 오늘날 뉴욕, 런던과 더불어 세계 3대 금융 중심지 중 하나이자 특히 세계에서 가장 큰 도시권 경제를 이루고 있다. 「포춘

하늘에서 내려다본 도쿄.

Fortune」지에 따르면 세계 글로벌 500대 기업 중에서 도쿄에 기반을 둔 기업은 51개나 되며, 이는 2위인 파리와 비교할 때 거의 두 배에 달한다. 또 도쿄는 일본의 교통, 출판, 방송과 산업의 중심이며 동시에 매일 밤 다채로운 장르의 콘서트와 예술행사가 개최되는 문화의 중심지다. 또한 100여 개가 넘는 대학이 위치하는 교육의 도시이기도 하다. 나아가 도쿄는 과학기술과 관련하여 세계적으로 유명한 여러 시설을 갖춘 과학의 도시이기도 하다. 화려했던 일본의 과학기술 역사를 한눈에 볼 수 있는 국립 과학박물관이 있고, 최첨단 과학기술의 현주소를 보여 주며 미래를 자유롭게 상상케 하는 동경 미래 과학관, 일명 '미라이칸Miraikan'이 있다. 또 화려하게 빛나는 레인보우 다리와 자유의 여신상으로 유명한 인공 섬 '오다이바'에는 남극 탐사 정기여객선인 '소야호'가 정박되어 있고, 잠수함부터 초대형 유조선에 이르는 배의 역

미라이칸.

사와 해양과학의 진보를 살펴볼 수 있는 '배 과학관'도 있다. 특히나 도쿄는 12명의 노벨과학상 수상자들을 배출하며 과학의 세계지도를 바꾸어 온 과학 강국의 수도이다.

미라이칸이 2001년에 개관하기 전부터 전 일본인뿐만 아니라 세계의 관심을 모은 이유 중 하나는 바로 일본 최초의 우주인이 초대 관장으로 임명되었기 때문이다. 어렸을 때 만화영화 〈아톰〉을 즐겨 보면서 과학자의 꿈을 키워 왔다는 마모루 모리 박사는 재료공학을 공부한 후 1992년 미국의 우주왕복선 '엔데버호Endeavour'를 타고 8일 동안 우주에 머물렀다. 그는 어렸을 적부터 최초의 우주인인 유리 가가린이 "지구는 파랗다."라고 말한 것에 큰 감명을 받았고, 자신이 실제로 지구의 모습이 그러한지 확인하고 싶어서 우주인이 되었다고 말했다. 그가 우주에서 수행한 43개의 실험 중에서 대표적인 것으로는 '실리콘

이 아닌 다른 원소로 반도체를 만드는 실험'이다. 이 실험을 통해 '인듐 안티몬indium antimonide '이라는 물질이 우주에서 반도체가 된다는 사실이 확인되었는데 이는 반도체의 발전에 큰 기여를 했다. 2000년에 그는 다시 6명의 우주 비행사와 함께 또 한 번 우주 비행을 떠났고, 10일간 지구를 160바퀴나 돌면서 지표면의 모든 굴곡을 3차원으로 촬영했다. 이 결과는 나중에 항공기 사고 예방에 유용하게 활용되었다.•

우리나라 최초의 우주인은 이소연 박사다. 그녀는 2008년 4월 8일에 러시아의 우주선인 '소유즈호Soyuz '를 타고 지상 350km에 떠 있는 국제우주정거장ISS 에서 10일간 머물렀다. 그녀 역시 정거장에 머물면서 18가지 실험을 수행했는데 대표적인 것으로는 난·민들레·무궁화·코스모스·유채·벼·콩 등 11종류의 꽃과 식물의 생장 실험이었다. 식물의 종자를 약 2개월가량 우주 방사선과 미세 중력, 초진공, 우주 자기장 등에 노출시켜 식물체의 생장 변화를 관찰한 것이다. 이로써 우리나라는 세계 36번째 우주인 배출 국가가 되었고, 이소연은 전 세계에서 475번째, 여성으로는 49번째 우주인이 되었다. 2010년에 그녀는 미라이칸을 방문하여 모리 관장과 면담했으며 전 세계 우주인들이 서명한 미라이칸 전시물에 친필 사인을 남겼다.

미라이칸의 비전은 인간과 21세기의 새로운 지식을 직접 연결해 주는 것이며, 일본의 첨단 과학기술을 한눈에 볼 수 있는 쇼윈도가 되는 것이다. '세상을 보는 렌즈로써의 과학'을 표방하는 미라이칸의 가

• 모리 박사 이후 일본에서는 7명의 우주인이 더 탄생해 일본 국적의 우주인은 총 8명이다.

장 대표적인 전시물로는 입구 정면에 등장하는 거대한 지구인 '지오 코스모스Geo-Cosmos'다. 5층 건물의 천장에 매달린 지오 코스모스는 마치 우주에 떠 있는 지구를 연상시킨다. 우주 공간에서의 지구 모습을 실감나게 보여 주겠다는 취지에서 제작된 지오 코스모스는 직경이 약 6m지구의 200만 분의 1 크기, 무게가 13t에 달하며 1만여 개의 LED로 만들어진 세계 최초의 구형 디스플레이 전시물이다. 또한 위성으로부터 실시간으로 화상 데이터를 받는 최첨단 IT 기술의 집약체라고 할 수 있다.

푸른색과 붉은색이 시시각각으로 변화하는 지구의 온도를 표현하는 이 지오 코스모스는 24시간 전에 NASA가 촬영한 실측 데이터를 전송받아 지구의 실제 모습뿐만 아니라 세계의 기온 변화를 보여 준다. 또한 앞으로 계속 지구온난화가 진행된다면 2100년의 지구 기온이 어떻게 변화할 것인가를 시뮬레이션을 통해 보여 줌으로써 관람객들에게 지구온난화의 심각성을 일깨워 주기도 한다. 특히 지오 코스모스 주변에는 류이치 사카모토가 작곡한 신비한 우주 음악이 잔잔히 흐르고 있다.[•]

이 외에 4개의 전시관이 2층부터 시작해 지오 코스모스 주변을 원형 나선 구조로 돌면서 관람할 수 있도록 배치되어 있다. 일상생활과 연관된 지구환경 문제를 직접 체험해 보는 '지구환경과 프런티어관', '기술 혁신과 미래관', '정보과학과 사회관' 그리고 '생명과학과

• 류이치 사카모토는 비디오아트의 세계적인 창시자인 백남준과 함께 '위성 프로젝트'에 참여한 적이 있는 아방가르드 예술가로 미국 아카데미 시상식 음악상 수상 경력을 갖고 있다.

지오 코스모스.

인간관'이다. 지구 환경과 프론티어관은 심해 밑바닥이나 우주의 끝 등 인류의 미증유 영역에 도전하는 연구를 소개한다. 기술 혁신과 미래관에서는 로봇의 실연을 통해 첨단 기술의 위력을 실감할 수 있고, 생명과학과 인간관에서는 게놈 해석의 기술이나 생명 윤리에 대해 살필 수 있다. 정보과학과 사회관은 컴퓨터와 네트워킹에 대해 소개한다. 또한 반구상의 영상 시어터인 돔 시어터 '가이아'와 첨단 과학기술 영상을 볼 수 있는 '사이언스 라이브러리'가 있다.

미라이칸의 또 다른 대표 전시물은 혼다 사가 개발한 로봇인 아시모ASIMO의 공연이다. 원래 로봇이라는 개념은 체코에서 유래한 것으로 1920년대에 체코슬로바키아의 극작가인 카렐 차페크의 희곡 『로섬의 만능 로봇Rossum's Universal Robots』에 처음 등장했다. 인간을 대신하여 힘들고 어려운 일을 하는 기계장치를 의미하는 로봇이 실제로 등장한 것은 1939년 뉴욕 세계 박람회인데, 바로 미국 웨스팅하우스 사가 선보인 '일렉트로Electro'였다. 어설프지만 앞뒤로 걷기도 하고, 녹음된 77개의 단어를 말할 수도 있는 일렉트로가 출현한 이래 로봇은 많은 발전을 이루었다. 하지만 20세기 말까지 주로 인간의 작업을 돕는 산업용 로봇이 대부분이었고, 미래를 예측하는 SF소설과 영화의 단골 메뉴가 되었다.

21세기 들면서 로봇은 인간과 상호 교류가 가능한 지능형 로봇으로 발전했다.* 대표적인 지능형 로봇인 아시모는, 소니 사가 개발한 장

* 지능형 로봇은 사람처럼 시각, 청각 등 감각을 통해 외부 정보를 입력받아 스스로 판단해 적절한 행동을 하는 인간과 유사한 기계 인간, 휴머노이드를 의미한다.

난감 강아지 '아이보Aibo'와 미국에서 개발한 청소 로봇 '룸바Roomba'의 뒤를 이어 개발되었다.* 아시모가 특별한 이유는 인간처럼 두 다리로 걷거나 심지어 뛰기까지 한다는 사실이다. 또한 인간의 골격과 움직임을 모방한 아시모가 사람처럼 질문을 던지고 손을 드는 관람객을 향해 "아시모에게 질문하실 분?"이라며 말을 건네는 쇼를 진행하기도 한다. 아시모는 2013년 7월부터 미라이칸을 대표하는 사회자로 변신했다. 비록 뚜렷한 한계를 갖고 있지만 이 휴머노이드는 전 세계 어느 과학박물관에서도 볼 수 없는 재미와 놀라움을 관람객에게 선사한다.

아시모의 진행에 박수를 보내거나 손을 들어 답례하는 사람들을 보고 있노라면, 사람과 기계의 경계가 모호해짐을 느끼게 된다. 아시모 공연장 바로 옆에는 인간과 로봇의 대화 코너가 있다. 한쪽 부스에는 사람이 들어갈 수 있으며, 부스 옆에는 마네킹 여성 로봇이 앉아 있다. 아이를 데리고 온 부모는 부스 안으로 들어가고 아이는 여성 로봇 옆에 앉는다. 부모가 말을 하면 로봇이 대신 아이에게 말을 전해 준다. 아이는 로봇과 대화를 나누지만, 사실 로봇의 뒤에는 부모가 있기 때문에 대화 내용은 무척 구체적이다. 그래서 아이들은 처음 보는 로봇이 자기 이름을 부르거나 자신에 대해 많은 것을 알고 있다는 사실에 매우 놀라고 신기해 한다. 로봇이라는 신기술이 가져올 미래를 미리 만나 보게 하는 것이다.

2014년 연말부터 다음 해 초까지 이곳 미라이칸에서는 유네스코

* 한국 최초의 휴머노이드는 2001년 5월 선보인 '아미(AMI)'이며, 2004년 1월 개발된 '휴보(Hubo)'도 휴머노이드 로봇이다.

와 UN이 지정한 '세계 빛의 해International year of light'를 기념하여 매우 특별한 전시회가 개최되었다. '팀랩teamLab 춤추자! 아트전, 배우자! 미래의 유원지'라는 제목의 이 특별전에는 관람객이 직접 참여하여 즐기고 소통하는 체험 중심의 인터랙티브 미디어아트 전시물 14개가 마련되었다. 전시물을 통해 과학 원리를 체험하는 보통의 전시와 달리, 이 특별전은 그 자체가 놀이다. 빛과 과학기술이 만들어내는 놀랍고도 즐거운 세상을 경험하게 되는 것이다. 과학과 예술이 접목된 대표적인 융합 전시인 이 특별전을 위해서 컴퓨터 프로그래머, IT 엔지니어, 소프트웨어 설계자, 수학자, 건축가, 웹 그래픽 디자이너, 화가 등 다양한 분야의 전문가들이 참여했다고 한다. 과학이 자연스럽게 예술과 문화로 접속되는 곳, 바로 미라이칸의 철학을 온전히 보여주고 있다.

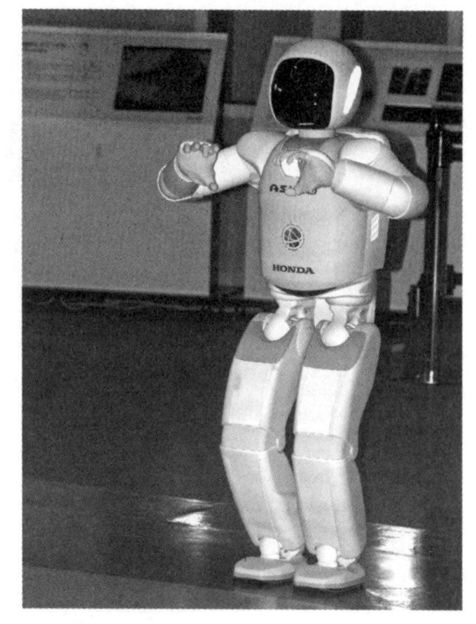

아시모의 공연.

도쿄를 과학의 도시로 기억되게 하는 또 다른 이유는 오래된 일본식 전통 찻집과 아름다운 연꽃 호수로 유명한 우에노 공원 근처에 국립 과학박물관이 자리하고 있기 때문이다. 1871년에 설립된 이 일본 최초의 과학박물관에는 연간 230만 명의 관람객이 찾아온다. 우에

미라이칸의 내부 전시물.

노 공원 입구를 지나 과학박물관에서 제일 먼저 만나는 것은 야외 전시물이다. 바로 한때 일본 열도를 달렸던 D51형 증기기관차 231호이다. 또 거대한 고래 동상도 서 있다. 이곳 과학박물관은 아시아에서 가장 먼저 설립된 만큼 아시아의 과학기술 및 산업과 관련된 역사적 유물이 많이 전시되어 있다. 아시아에서는 대부분 1970년대 이후에 과학박물관이 설립되었고 또 대부분이 과학 센터이다. 이 점을 고려하면 자연사와 과학기술사를 전시하고 보존하는 일본 국립 과학박물관은 독특한 위치를 차지하고 있다.

국립 과학박물관은 크게 2개의 상설 갤러리로 구성되어 있다. 하나는 '일본 갤러리'로 일본열도의 자연환경과 형성 과정, 본토 및 열도에서의 생물 진화, 일본열도의 형성 과정, 자연과의 관계뿐만 아니라 서구 과학이 도입된 이래 발전해 온 일본의 과학기술을 한눈에 볼 수 있다. 또한 기차와 자전거를 비롯하여 각종 산업에 활용되었던 기계 등을 선보이고 있다. 또 하나는 '지구 갤러리'로 지구의 생명사와 인류의 진화를 보여 준다. 그리고 일본열도에서 서식하는 각종 생명을 소개한다. 2013년 기준으로 소장 표본이 400만 점이 넘는 엄청난 규모를 자랑한다. 이곳 지구 갤러리가 특히 우리의 관심을 끄는 이유는 2014년 3월에 경상남도 진주의 논에 떨어진 4개의 운석 때문이다.•

이제까지 우리나라에서 발견된 운석은 두원운석이 유일했다. 이 운석은 1943년 11월 23일 오후 3시 47분에 전라남도 고흥군 두원면에 떨어진 것이다. 질량이 약 2kg 정도인 이 운석은 태양계의 기원과 생성, 변천 과정 등 우주과학의 기초 연구에 귀중한 정보를 제공하는 석질운석으로 일본 동경 대학교 지질학과 교수의 검증을 받았다고 한다. 두원 공립 보통학교에 다니던 한국인 학생들이 우연히 발견한 이 운석은 강점기 동안 학교에 보관되었는데, 해방이 되자 일본인 교장이 일본으로 가져갔다고 한다. 이후 운석은 내내 국립 과학박물관에 보관되어 왔다. 1994년에 전 서울 대학교 교수가 이 사실을 알게 되면서 운석의 존재는 세상에 알려지게 되었다. 결국 이 운석은 1998년 한일 정상회담에서 영구 임대 형식으로 우리나라가 되돌려 받는 것으로 결

• 운석은 대부분 지구에서 약 4억 km 떨어진 화성과 목성 사이에 위치한 소행성대에서 기인하는 것으로 지구 대기권으로 진입할 때는 음속의 수십 배 정도의 속도가 되며 온도도 약 1천도 정도로 매우 높아서 화려한 불꽃을 낸다. 낙하하면서 표면은 점점 더 뜨거워지고, 그러는 도중에 각종 물질들이 떨어져 나가면서 작아졌다가 결국은 속도가 느려져 땅에 떨어진다. 보통 운석은 1년에 1,000개에서 2,000개 정도 떨어지지만 대부분은 다 타 버려서 흔적이 남지 않고 보통 수 개 정도만 지구 곳곳에서 발견된다.

일본 국립 과학박물관의 전경.

론이 났다. 이때 되돌려 받은 두원운석은 현재 한국 지질 자원 연구원 지질 박물관에 전시되어 있다.*

이곳 국립 과학박물관의 전시물 중 세계에서 가장 유명하며 유일한 것으로는 단연 주황색의 거대한 구 모양을 하고 있는 '시어터 360 Theather 360 관'이다. 2005년 아이치 세계 엑스포 때 일본관의 공식 상영관으로 등장했던 시어터 360은 원래 '지구 비전'이라는 이름으로 불렸으며, 제작하는 데 당시 30억 엔, 한화 약 400억 원이라는 엄청난 예산이 투입되었다. 엑스포가 종료되면서 '지구 비전'은 과학박물관으

* 우리나라에는 최근 2014년 3월 10일 경상남도 진주 대곡면과 11일 미천면에 낙하한 콘드라이트 대곡운석, 미천운석 등이 발견되어 모두 4개의 운석을 가지게 된 셈이다.

로 옮겨져 시어터 36O으로 불리게 되었다. 지구를 100만 분의 1로 축소한, 지름 12.8m의 거대한 공 구조물인 시어터 안에는 입구와 반대편을 잇는 다리가 하나 놓여 있다. 구 안에서는 12개의 프로젝터가 가동되면서 360도 모든 방향에서 볼 수 있는 대형 화면이 펼쳐진다. 우주를 여행하거나 공룡 시대를 탐험하는 파노라마 동영상이 펼쳐지는 미디어 쇼는 잊을 수 없는 감동을 선사한다.

세계 엑스포는 1851년에 영국의 하이드파크에서 최초로 개최된 이후 가장 획기적인 최첨단 건축과 전시물을 선보이는 각축장이 되었다. 1889년 파리에서 개최되었던 엑스포 때 모파상을 비롯한 문인들과 철학자들의 심각한 비난을 받으며 세워졌던 에펠탑은 오늘날 파리를 가장 유명하게 만든 명물이 되었다. 또 뉴욕 엑스포 때 선보였던 에스컬레이터는 오늘날 가장 기초적인 건물 시설이 되었다. 우리나라는 1994년에 대전 엑스포를 개최한 이후 아예 그곳을 엑스포 과학 공원으로 조성하여 시민을 위한 과학 공간으로 정착시켰다.

이곳 국립 과학박물관에서도 역시 2015년 세계 빛의 해를 맞이하여 '히카리HIKARI · 빛의 놀라움The Wonder of Light'이라는 특별전을 개최했다. 3년이라는 긴 시간에 걸쳐 자체 기획한 이 전시회에는 과학관 및 박물관, 공과대학, 국립 환경 연구소, 정보 통신 연구소, 천문 연구소, 농업·식품 산업기술 연구소와 꽃 연구소 등 10여 개 기관과 연구자들이 대거 참여했다고 한다. 미라이칸의 특별전이 직접 즐기는 체험형 과학 센터라면, 이곳의 특별전은 전통적인 과학박물관의 특징을 그대로 살리고 있다. 그리고 빛이 인간의 삶을 변화시켜 온 역사와 현재를 보여 준다.

전시는 '우주의 빛', '자연의 빛', '인간의 빛'으로 구분된다. '우주의 빛'은 우주의 기원에 대한 탐구의 역사를, '자연의 빛'에서는 다이아몬드, 방해석 등 자연적으로 빛을 발하는 암석과 동식물의 표본을, 그리고 '인간의 빛'에서는 자연의 숨은 비밀을 밝히기 위해 노력한 과학자들의 삶을 소개하고 있다. 특히 마지막 '인간의 빛' 전시를 통해 일본은 자국 노벨과학상 수상자들을 인간의 빛으로 칭송하고 있다. 도쿄는 분명 나스메 소세키의 흔적이 남아 있는 고양이의 도시이기도 하지만 동시에 과학의 빛으로 인간의 미래를 밝혀주려는 과학의 도시이기도 하다. 혹 도쿄를 방문하게 된다면 과학의 도시임을 실감할 수 있기를 기대해 본다.

| 에 | 필 | 로 | 그 |

한 치의 빈틈도 없이 붐비는 지하철 안에서 찡그린 표정의 사람을 발견하기가 쉽지 않다. 그 협소한 공간에서도 일부는 양쪽 귀에 가느다란 이어폰을 꽂고 조그마한 화면을 들여다보고 있으며, 또 일부는 쉴 새 없이 작은 자판을 두드린다. 가끔은 알 수 없는 미소를 짓기도 하고, 때론 소리 내어 웃거나 혼잣말을 중얼거리기도 한다.

이미 사람들에게는 협소한 물리적 공간이 가하는 신체적인 불편함 따위는 전혀 문제가 아닌 듯하다. 반도체의 혁명적 저장 능력 덕분에 진화에 진화를 거듭하는 ICT 기술로 사람들은 벌써부터 '다른 세상another world'을 만나 그 세계에 흠뻑 빠져 있다. 마치 내세의 시련쯤이야 사후 세계에서 충분히 보상받을 것이기 때문에 참아 내야 하는 것처럼, 현존하는 내세와 같은 '다른 세상'에서 즐거움을 추구하는 것이다. 웃어야 할지 아니면 "쯧쯧" 혀를 차야 할지 모를 풍경은 21세기, 바로 오늘을 사는 우리의 자화상이다.

똑똑하다 하여 이름 붙여진 스마트폰에 열광하는 여러 가지 이유 중 가장 강력한 것은 그것이 제공하는 가상의 다른 세상에서 '내'가 완전히 다른 '내'가 될 수 있다는 점이다. 지금 살고 있는 현실 세계가 별로 만족스럽지 않은 '나'는 평소 꿈꿔 왔던 이상형의 '나'로 다시 태어날 수 있을 뿐만 아니라 화려한 '세컨드 라이프second life'• 의 삶을 영위할 수 있다.

영화 〈매트릭스〉에서 예견되었던 가상현실 세계가 벌써부터 부분적으로 실현되는 셈이고, 조만간 장자莊者의 호접몽胡蝶夢•• 이 도래하여 가상현실의 내가 진짜인지 현실의 내가 진짜인지 구별하기가 매우 어려울 것 같다.

사실 궁금하다, 다가올 미래가 어떤 것일지. 미래학자라 부르는 사람들은 짧게는 10년, 길게는 10만 년쯤 먼 시간을 내다보면서 '미래

• '세컨드 라이프'는 린든 랩이 개발한 인터넷 기반의 가상 세계로 2003년에 시작되었다. 세컨드 라이프의 이용자(거주자)들은 각자 자신의 아바타를 만들고, 이 아바타들은 가상세계에서 자동차를 타고 드라이브를 하거나 다른 사람들과 파티를 즐기는 등 일상을 영위할 수 있다. 또 가상의 자산과 서비스를 창조하고 다른 이와 거래도 할 수 있다. 가상세계에서 돈을 지불하고 커피를 주문하면 오프라인 세상에서 커피가 배달되는 등 온라인과 오프라인이 연결되고 있다.

•• 장자는 제물론(齊物論)에서 "언젠가 내가 꿈에 나비가 되었다. 훨훨 나는 나비였다. 내 스스로 아주 기분이 좋아 내가 사람이었다는 것을 모르고 있었다. 이윽고 잠을 깨니 틀림없는 인간인 나였다. 도대체 인간인 내가 꿈에 나비가 된 것일까? 아니면 나비가 꿈에 이 인간인 나로 변해 있는 것일까?" 라면서 만물이 하나로 된 절대경지에 서면, 인간인 장주가 곧 나비일수 있고 나비가 곧 장주일 수도 있다고 말했다.

혁명'을 운운한다. 혹자는 나노과학이 발전하여 극초소형 기계가 몸속을 돌아다니며 병을 치료하는 세상을 말하기도 하고, 혹자는 로봇이 사람처럼 진화하여 로봇과 사람이 구별되지 않을 뿐만 아니라 로봇과 인간이 교감하는 세상을 예측하고, 또 혹자는 어두운 우주여행을 해야 하기 때문에 눈만 동그랗게 커진 얼굴형의 미래 인간을 말하기도 한다. 하지만 가깝게 혹은 먼 시간을 두고 예측되는 이 모든 것은 사실 과학기술이 있어야만 가능하다.

과학기술 덕분에 인류는 지난 300년의 짧은 기간 동안 놀라운 삶의 변화를 경험했다. 언어의 경계가 사라지고, 가치관 및 인간관계에 대해서도 근본적인 변화가 생겼다. 누구도 상상할 수 없을 정도의 물질적 풍요도 누리고 있다. 동시에 과학기술로 인해 기후변화, 신종 바이러스, 물 부족 등의 새로운 문제에도 직면하게 되었다. 과학박물관은 과학기술에 창의성을 더하여 현재적 이슈를 해결하고, 미래를 지속 가능하게 만들기 위해 모두가 함께 공유하고 소통하는 공간이다.

이 때문에 우리나라도 지난 10년간 전국에 국공립 및 사립 과학관 건설을 적극적으로 지원하고 추진해 왔다. 그 결과 2008년에 78개이던 과학관은 2013년에 114개로 늘었다. 특히 각 권역을 대표하는 국립 과학관이 대전과 서울에 이어 광주와 대구 그리고 부산에 새로이 들어섰다. 세계 그 어느 나라에서도 찾아볼 수 없을 정도로 아주 성공적인 과학 정책의 결과다. 하지만 이제부터가 정말 중요하다. 진정한 성공을 위해서는 전시와 교육 등 과학 교육과 문화를 위한 풍부한 소프트웨어가 개발되어야 한다. 결국 창의적인 휴먼웨어humanware가 답이다. 과학박물관을 살아 움직이게 하는 것은 고품질의 소프트웨어를 만드는 **사람들**과, 만들어진 소프트웨어를 기꺼이 찾고 즐기는 **사람들**이다.

오늘도 전 세계의 도시에는 들어오고 나가는 사람들의 발길로 바쁘다. 도시에서 살아가거나 도시를 스쳐 가는 사람들은 오늘도 도시에 나름의 흔적과 기억을 남길 것이다. 그들이 남기는 기억과 흔적 덕분에 도시에는 새로운 스토리가 생겨나고 그것은 더욱 풍부해질 것이다. 우리나라에 새로이 생긴 과학관에서 일하거나 그곳을 찾는 사람들로 인해 많은 지역과 도시의 스토리가 더욱 풍부해질 것이다. 우리나라의 도시들이 각종 영화제와 세계적 축제, 특이한 먹거리나 혹은 빼어난 풍경으로 기억되는 것을 넘어 과학박물관에서 만난 미래의 꿈으로 더욱 많은 흔적을 남길 수 있기를 기대해 본다.

세계의 과학관

펴낸날 **초판 1쇄 2015년 10월 25일**

지은이 **조숙경**
펴낸이 **심만수**
펴낸곳 **(주)살림출판사**
출판등록 **1989년 11월 1일 제9-210호**

주소 **경기도 파주시 광인사길 30**
전화 **031-955-1350** 팩스 **031-624-1356**
기획 · 편집 **031-955-4665**
홈페이지 **http://www.sallimbooks.com**
이메일 **book@sallimbooks.com**

ISBN 978-89-522-3220-5 03400

※ 값은 뒤표지에 있습니다.
※ 잘못 만들어진 책은 구입하신 서점에서 바꾸어 드립니다.

이 도서의 국립중앙도서관 출판시도서목록(CIP)은 서지정보유통지원시스템 홈페이지(http://seoji.nl.go.kr)와 국가자료공동목록시스템(http://www.nl.go.kr/kolisnet)에서 이용하실 수 있습니다.(CIP제어번호: CIP201502672)

책임편집 · 교정교열 **최진우**